普通高等教育"十四五"规划教材

采矿过程颗粒流模拟

主　编　孙　浩
副主编　覃　璇

扫码获得数字资源

北　京
冶金工业出版社
2024

内 容 提 要

本书将采矿工程专业特点和颗粒流 PFC 软件充分结合，系统介绍了 PFC 5.0 软件的命令、函数等基本用法及其在岩石力学、边坡工程和放矿等采矿过程中的技术应用等知识。全书共 6 章，主要内容包括绪论、PFC 5.0 的基本命令与模型构建、PFC 5.0 的 FISH 语言、岩石力学问题 PFC 模拟、边坡工程问题 PFC 模拟、放矿问题 PFC 模拟。

本书可作为高等院校采矿工程、岩土工程等相关专业的教材，也可供相关领域的科研人员及工程技术人员参考。

图书在版编目(CIP)数据

采矿过程颗粒流模拟／孙浩主编．—北京：冶金工业出版社，2024.3
普通高等教育"十四五"规划教材
ISBN 978-7-5024-9732-3

Ⅰ.①采…　Ⅱ.①孙…　Ⅲ.①矿山开采—过程模拟—高等学校—教材　Ⅳ.①TD8

中国国家版本馆 CIP 数据核字(2024)第 024341 号

采矿过程颗粒流模拟

出版发行	冶金工业出版社		电　话	(010)64027926
地　址	北京市东城区嵩祝院北巷 39 号		邮　编	100009
网　址	www.mip1953.com		电子信箱	service@mip1953.com

责任编辑　郭冬艳　美术编辑　吕欣童　版式设计　郑小利
责任校对　梁江凤　责任印制　窦　唯

北京建宏印刷有限公司印刷
2024 年 3 月第 1 版，2024 年 3 月第 1 次印刷
787mm×1092mm　1/16；15 印张；365 千字；232 页
定价 49.00 元

投稿电话　(010)64027932　投稿信箱　tougao@cnmip.com.cn
营销中心电话　(010)64044283
冶金工业出版社天猫旗舰店　yjgycbs.tmall.com
(本书如有印装质量问题，本社营销中心负责退换)

前　言

采矿工程不仅是一门研究如何安全、高效、经济地开采矿产资源的学科，而且已成为一门与地质学、数学、化学、物理学、力学和计算机科学等学科结合的交叉性学科。其中，离散元颗粒流方法能够实现数值模型逼近真实材料的力学响应特征，在各类数值模拟方法中显示出巨大的优势，因而在采矿工程等领域中的应用越发广泛。

本书将采矿工程专业特点和颗粒流PFC软件有效结合，目的是希望学生在掌握离散元颗粒流方法的基本概念、基本原理、编程规则和建模流程的基础上，了解其在采矿过程模拟中的应用；巩固和拓展采矿工程的基本概念、原理和方法；熟悉各类采矿工艺和采矿方法；培养缜密的逻辑思维能力和分析、解决采矿工程实例的能力。

本书共分为6章：第1章介绍了常用工程问题研究方法和常用数值模拟方法及软件；第2章介绍了PFC 5.0的常用术语、基本命令、建模流程、接触的定义方法、墙体生成方法和颗粒生成方法；第3章介绍了PFC 5.0中FISH语言的基本规则、声明语句、内嵌函数和编程实例；第4章介绍了PFC在岩石力学与工程领域的应用、PFC宏细观参数匹配方法、PFC中的软件包fistPkg和岩石力学PFC模拟实例；第5章介绍了PFC在边坡工程领域的应用、边坡工程问题PFC模拟过程和模拟实例；第6章介绍了PFC在崩落法放矿领域的应用、放矿问题PFC模拟过程和模拟实例。

本书由北京科技大学土木与资源工程学院孙浩任主编，中国安全生产科学研究院矿山安全技术研究所覃璇任副主编。编写分工为：第1、2章由覃璇编写，第3~6章由孙浩编写，全书由孙浩统稿。北京科技大学研究生唐坤林、朱东凤、尹泽松、苏楠、李木芽、刘美辰、韦立昌、贾俊泽、周圣贵等，本科生赵丽姗、马靖宇、王祥融等，为本书的资料收集、代码编制、翻译、编排与校核等做了大量的工作，在此一并表示衷心的感谢。

本书的编写和出版得到了北京科技大学教材建设经费的资助以及北京科技大学教务处的大力支持，在此致以真诚的感谢。同时，本书在编写过程中，参阅了国内外有关文献，在此谨向所有文献作者表示由衷的感谢。

由于编者水平所限，书中不足之处，希望广大读者不吝赐教、批评指正。

编　者

2023 年 9 月

目 录

1 绪论 ……………………………………………………………………………… 1
  1.1 常用采矿工程问题研究方法 ………………………………………………… 2
    1.1.1 工程经验分析 ………………………………………………………… 2
    1.1.2 原位试验研究 ………………………………………………………… 2
    1.1.3 室内试验研究 ………………………………………………………… 4
    1.1.4 理论分析 ……………………………………………………………… 5
    1.1.5 数值模拟研究 ………………………………………………………… 7
  1.2 常用数值模拟方法及软件 …………………………………………………… 8
    1.2.1 有限单元法 …………………………………………………………… 8
    1.2.2 有限差分法 …………………………………………………………… 10
    1.2.3 离散单元法 …………………………………………………………… 12
    1.2.4 边界元法 ……………………………………………………………… 17
  习题 ………………………………………………………………………………… 19

2 PFC 5.0 的基本命令与模型构建 ………………………………………………… 21
  2.1 PFC 5.0 的常用术语 ………………………………………………………… 21
  2.2 PFC 5.0 的基本命令 ………………………………………………………… 25
    2.2.1 PFC 5.0 的通用命令 ………………………………………………… 25
    2.2.2 PFC 5.0 的颗粒相关命令 …………………………………………… 26
  2.3 PFC 5.0 的建模流程 ………………………………………………………… 34
    2.3.1 PFC 5.0 命令流编制顺序 …………………………………………… 34
    2.3.2 PFC 5.0 的简单建模实例 …………………………………………… 36
  2.4 PFC 5.0 接触的定义方法 …………………………………………………… 40
    2.4.1 PFC 5.0 中的接触模型 ……………………………………………… 40
    2.4.2 接触模型分配表法 …………………………………………………… 42
    2.4.3 当前接触定义法 ……………………………………………………… 43
    2.4.4 PFC 5.0 的接触施加实例 …………………………………………… 43
  2.5 PFC 5.0 中的墙体生成方法 ………………………………………………… 56
    2.5.1 命令生成方法 ………………………………………………………… 56
    2.5.2 几何图形导入法 ……………………………………………………… 61
  2.6 PFC 5.0 中的颗粒生成方法 ………………………………………………… 63
    2.6.1 规则排列颗粒生成法 ………………………………………………… 63

2.6.2 半径扩大法 ··· 65
　　2.6.3 挤压排斥法 ··· 67
　　2.6.4 自重下降法 ··· 69
　　2.6.5 级配颗粒生成法 ··· 70
　　2.6.6 块体颗粒组装模型法 ··· 72
　　2.6.7 不规则刚性簇生成法 ··· 73
习题 ··· 76

3 PFC 5.0 的 FISH 语言 ·· 78

3.1 FISH 语言基本规则 ·· 78
　　3.1.1 FISH 语言指令行 ··· 78
　　3.1.2 FISH 函数与变量命名 ··· 79
　　3.1.3 FISH 变量定义与赋值方法 ··· 80
　　3.1.4 FISH 函数与 PFC 命令的相互作用 ······································· 81
3.2 FISH 声明语句 ·· 88
　　3.2.1 变量声明语句 ··· 88
　　3.2.2 选择语句 ··· 89
　　3.2.3 条件语句 ··· 89
　　3.2.4 循环语句 ··· 90
3.3 FISH 内嵌函数 ·· 92
　　3.3.1 常用命令特性函数 ··· 92
　　3.3.2 碎块与几何图形控制函数 ·· 100
　　3.3.3 实体内变量函数 ··· 110
3.4 FISH 编程实例 ··· 122
　　3.4.1 规则排列颗粒生成 ··· 123
　　3.4.2 漏斗流 Hopper Flow ··· 124
　　3.4.3 无黏结颗粒体系应力与应变检测 ······································· 130
习题 ··· 134

4 岩石力学问题 PFC 模拟 ·· 136

4.1 PFC 在岩石力学与工程领域的应用 ·· 136
　　4.1.1 等效岩体技术 ··· 136
　　4.1.2 岩石破裂过程声发射模拟 ·· 137
　　4.1.3 脆性岩石力学特性模拟 ··· 138
　　4.1.4 高温岩体力学模拟 ··· 139
　　4.1.5 连续-离散耦合模拟 ·· 139
　　4.1.6 离散-流体耦合模拟 ·· 139
4.2 PFC 宏细观参数匹配方法 ·· 140
　　4.2.1 岩石力学问题 PFC 模拟步骤 ··· 140

  4.2.2 宏细观参数建议匹配顺序 ·· 141
  4.2.3 宏细观参数匹配新方法 ·· 142
 4.3 PFC 中的软件包 fistPkg ·· 144
  4.3.1 fistPkg 应用步骤与功能 ·· 145
  4.3.2 fistPkg 文件夹构成 ·· 146
  4.3.3 试样制备 ·· 147
  4.3.4 试样加载 ·· 152
  4.3.5 模拟实例 ·· 158
 4.4 高温条件下砂岩巴西劈裂 PFC 模拟实例 ································· 161
  4.4.1 PFC 热力学计算原理 ··· 161
  4.4.2 实现过程 ·· 162
  4.4.3 宏细观参数匹配 ·· 163
  4.4.4 数值模拟结果分析 ·· 164
 习题 ·· 167

5 边坡工程问题 PFC 模拟 ··· 169

 5.1 PFC 在边坡工程领域的应用 ·· 170
  5.1.1 PFC 边坡安全系数研究 ··· 170
  5.1.2 边坡应力与位移分布规律研究 ······································ 170
  5.1.3 边坡失稳演化细观机理研究 ·· 171
 5.2 边坡工程问题 PFC 模拟过程 ·· 171
  5.2.1 生成或导入边坡模型墙体 ·· 172
  5.2.2 构建黏结颗粒体边坡模型 ·· 174
  5.2.3 边坡稳定性分析 ·· 178
 5.3 断续节理岩质边坡失稳 PFC 模拟实例 ··································· 181
  5.3.1 工程背景 ·· 181
  5.3.2 数值模型构建 ·· 182
  5.3.3 数值模拟结果分析 ·· 183
 习题 ·· 187

6 放矿问题 PFC 模拟 ·· 188

 6.1 PFC 在崩落法放矿领域的应用 ·· 189
  6.1.1 放出体与松动体形态变化规律研究 ·································· 189
  6.1.2 崩落矿岩二次破裂规律研究 ·· 189
  6.1.3 细小矿岩颗粒穿流特性研究 ·· 190
  6.1.4 崩落矿岩堵塞特性研究 ·· 190
 6.2 放矿问题 PFC 模拟过程 ·· 191
  6.2.1 构建放矿模型墙体 ·· 191
  6.2.2 构建无黏结矿岩颗粒堆积模型 ······································ 194

  6.2.3 矿石贫化率计算 ·· 195
 6.3 放矿问题 PFC 模拟实例 ··· 201
  6.3.1 基于不规则颗粒簇的放矿 PFC 模拟实例 ······························ 201
  6.3.2 基于滚动阻抗模型的放矿 PFC 模拟实例 ······························ 204
 习题 ·· 209

附录 部分实例完整代码 ··· 210

参考文献 ·· 231

1 绪 论

采矿是从地壳中将可利用矿物开采出来并运输至矿物加工地点或使用地点的行为、过程或工作。开挖体暴露在地表的矿山称为露天矿，开挖体在地下的矿山称为地下矿。无论是露天开采还是地下开采，均可抽象为人为有目的地在地壳岩体中的大规模开挖活动，这种开挖活动破坏了岩体原有应力的平衡状态，引起岩体内部应力重新分布，其结果表现为开掘的井、巷、工作面以及露天矿采场边坡等周围岩体的变形、移动甚至破坏，直至岩体内部重新形成一个新的应力平衡状态为止。

在岩体变形、破坏直至应力达到新平衡的过程中会遇到诸多工程问题，如：露天矿边坡岩体稳定性分析与控制；矿床开拓时面临巷道围岩的控制问题，包括：开采后覆岩移动、变形和破坏导致围岩应力场的演化规律，开采工作面对周围巷道围岩稳定性的影响，以及采动影响下巷道围岩控制机理与控制技术；地下矿山开采过程中由爆破作用或自然崩落形成的矿岩散体，在放矿过程中的力学状态、运移特性以及相适应的放矿理论分析与控制技术等。

为推动和实现矿山的安全、高效、绿色发展，需要在采矿过程中解决一系列重大技术难题。当这些问题被赋予不同的工程背景后变得越发难以处理，这就需要运用多种研究手段加以解决，保证采矿过程顺利进行。非连续介质力学与大变形理论、实测技术、物理模拟与数值模拟技术的快速发展，促使采矿从业者和相关学者可以利用理论分析、原位试验、物理试验和数值模拟等手段有效解决采矿过程中出现的各类工程问题。然而，原位试验需要耗费大量人力、物力、财力且一般耗时较长；物理试验的结果虽然比较直观，但受限于模型尺寸、信息提取和处理技术以及成本与时间问题，难以准确分析各个因素的影响规律与影响机制；现有理论在应用于工程实际时均有不同的适用条件与局限性，在面对不同工程背景时往往难以有效解决实际问题。数值模拟研究方法不仅能够模拟岩体和颗粒体系的复杂力学与结构特征，还可以较为方便地分析、预测各类边界问题以及岩体稳定性问题。随着计算机技术的高速发展以及相关理论的深入研究，数值模拟方法的准确性与可靠性逐步提升。因此，数值模拟方法越来越受到采矿从业者和相关学者的青睐，现已成为解决采矿工程问题的重要研究手段之一。

目前，数值模拟常用方法主要包括：有限单元法、有限差分法、离散单元法、边界元法、关键块体理论、不连续变形分析（DDA法）等。由于采矿工程问题的独特性与复杂性，有限单元法、有限差分法、块体离散单元法等常规数值模拟方法在分析大变形、岩体破坏以及崩落矿岩流动特性等问题时均存在不同程度的局限性，致使近年来颗粒流方法（颗粒离散单元法）在解决各类采矿工程问题中获得了大量尝试与应用，而且在越来越多课题研究中起到关键作用。

颗粒流方法作为非连续介质分析方法中的重要分支，是通过颗粒介质的运动与相互作用模拟岩石类材料基本特性、岩石类介质破裂机理与演化规律、颗粒物质动力学响应等基础性问题。在模拟各类采矿过程的应用中，颗粒流方法不受变形量限制，能够方便地处理非连续介质力学问题，并通过设置不同类型颗粒间接触，体现多相介质的不同物理关系，有效模拟矿岩的断裂、坍塌、破碎、分离和运移等非连续现象，可靠反映实际采矿中某一现象的内部过程与内在机理。随着颗粒流方法的发展和推广应用，其代表性软件PFC在岩石力学与工程、边坡工程和崩落法放矿研究等方面已展现明显优势并取得诸多成果。

1.1 常用采矿工程问题研究方法

一般而言，采矿过程中各类问题层出不穷，采用单一研究方法解决多样的采矿工程问题时存在明显局限性。常用的采矿工程问题研究方法主要包括：工程经验分析、原位试验研究、室内试验研究、理论分析以及数值模拟研究。

1.1.1 工程经验分析

经验分析法是从经验上升到运用理论并检验理论的一种分析问题、发现规律的方法，通过观察、度量、数据处理、比较并发现问题，假说并运用理论进行验证，最终实现理论的一般化与科学性。

作为一种科学研究方法，经验分析法较少受到重视或者很少被系统地加以研究。特别是如今各种高级复杂的定量分析方法相继涌现并与计算机技术相结合，致使经验分析方法更加相形见绌。然而，人类无时无刻不在分析过去的活动并总结经验，以从中找出一些有益的启发指导未来的工作。

工程经验分析法大体上有两种主要模式：一种是从大量工程事实中找出共同点和趋势；另一种是从某一基本原理的假设出发分析大量事实。任何一种分析方法均有它的特点、优点和局限性，工程经验分析法亦是如此。工程经验分析方法具有简单、灵活、适应性强的优点，且不要求事先提出严谨的数学模型。但是，工程经验分析方法有时是粗线条的，所得结论并非十分准确和严谨。

综上所述，即使是在现代科学研究方法和技术手段迅速发展的今天，工程经验分析法仍不失为一种重要的分析方法，尤其在采矿工程和岩土工程等领域占据不可或缺的重要地位。随着采矿工程尤其是智能采矿的快速发展，应将传统工程经验分析方法和试验研究、人工智能等方法有效结合，从而更高效地解决各类采矿工程问题。

1.1.2 原位试验研究

原位试验是指在现场或实际运行环境中进行的试验或测试方法。这种试验的目的是更准确地模拟实际工况，以便收集数据和观察现象，从而获得更可靠的结论。原位试验的过程涉及观察、度量、数据处理和对比，通过直接在实地环境中进行试验，收集实际数据，并根据这些数据形成假设和规律。这些假设和规律可以运用已有理论进行验证，并最终实现对问题的一般化与科学性推断。以下是采矿工程领域常见的原位试验类型：

（1）岩体原位试验。岩体原位试验是指在工程现场以及在不扰动或基本不扰动岩体的情况下进行的岩体力学性质试验，又称为岩体现场试验、岩体野外试验或岩体原地试验。岩体原位试验的目的在于现场研究岩体的强度、稳定性和断裂等力学性质，试验对象为包括结构面在内的岩体。由于试样尺寸较大，试验结果更加符合实际，这对于矿山岩体失稳风险的确定、采矿方法的选择以及支护设计等至关重要。

岩体原位试验主要包括：岩体变形试验、岩体强度试验、岩体应力测试、岩体渗透试验、岩体爆破试验、岩体灌浆试验、岩体原位观测、岩体声波速度测试、岩体工程地球物理勘探、岩体结构面定量描述，如：产状、间距、连续性、粗糙度、结构面壁面强度、裂缝开度、充填物、渗透性、结构面组数、岩块尺寸、钻孔岩芯等。

(2) 放矿原位试验。放矿原位试验是研究放矿问题的重要方法之一，通过该方法不仅能够取得放矿理论研究和数值模拟研究等所需要的原始数据，验证其试验结果，而且可以研究松动体与放出体形态、崩落矿岩的流动规律以及矿石的贫损指标等。然而，目前通过原位试验研究放矿问题的实例相对较少，仅在瑞典、中国、澳大利亚等国家的采用分段崩落法的部分矿山开展。1992 年，Alvial 曾在智利的埃尔特尼恩特（El Teniente）矿山进行了部分放矿原位试验。但是，在 10 年间仅仅回收了布设在同一层的 19 个标志颗粒。因此，通过 Alvial 的试验研究并不能获得具体有效的崩落矿岩散体移动规律。

与放矿室内试验相比，采用放矿原位试验研究放矿问题的优势在于无须考虑尺寸效应。然而，该方法存在明显缺点：1) 在目前的自然崩落法矿山中，放矿高度一般都在 150 m 以上，远大于现有钻机的凿岩能力。因此，在实际矿山中难以布设和大量回收标志颗粒，从而影响对松动体与放出体的圈定以及应力测量等。2) 在实际矿山中，由于人员、设备、环境、利润等多种因素的干预和限制，难以顺利开展崩落矿岩粒径、放矿高度、放矿口间距等主要影响因素的研究工作，而且试验周期长、成本非常高。3) 各矿山崩落矿岩散体的物理力学性质、采场结构参数和放矿方式等差别很大，因此仅依据个别矿山的放矿原位试验研究结果难以形成具有普适性的结论或理论。

综上所述，通过放矿原位试验研究放矿问题的局限性较大，而且短时间内该现状难以有效改观。尽管如此，对于放矿理论和技术研究而言，仍然需要持续、高度重视原位试验研究，总结放矿原位试验中的计量、取样与分析方法、损失贫化指标计算方法以及各类放矿实践经验，加强放矿管理资料的积累并将理论与实际相结合，进一步促进采矿工艺的新变革，改进和提出采场与出矿的新结构，促进贫损指标的降低以及矿山企业经济效益与社会效益的提高。

(3) 其他原位试验。采矿工程领域的原位试验还包括采矿设备性能测试和环境监测等。其中，采矿设备性能测试是指在实际采矿现场测试采矿设备的性能，包括挖掘机、输送带、破碎机等，这有助于优化采矿过程，提高生产效率。环境监测是指监测矿山活动对环境的影响，包括水质、空气质量和土壤变化等，这有助于采取环境保护措施，减少采矿活动对周围生态系统的影响。

虽然原位试验研究方法存在成本高、周期长、环境难以控制等局限性，但是，有效结合室内试验和数值模拟等研究方法，原位试验研究方法能够更全面、系统地研究问题并获得更准确的结论。因此，原位试验研究作为一种有效的科学研究方法，在采矿工程等领域占据重要地位。

1.1.3 室内试验研究

室内试验是一种在实验室或控制环境下进行的试验或测试方法，可用于研究和评估采矿工程相关的问题和现象。作为一种科学研究方法，室内试验通过在受控条件下观察、度量和处理数据，以发现规律并验证理论。下面介绍采矿领域常见的室内试验类型。

（1）室内岩石力学试验。室内岩石力学试验一般分为岩块试验和模型试验。其中，岩块试验主要测定其物理力学性质、岩石成分等；模型试验包括地质力学模型试验和大工程模型试验，具体方法包括光弹试验、相似材料模型试验、离心模型试验等。通过在缩尺模型或等比模型上进行相应岩石力学试验，获取相关数据及检查设计缺陷。模型试验是岩石力学与工程等研究领域的重要手段，尤其是在基础理论尚不完备、非连续数值模拟技术尚未成熟的研究阶段。常见的室内岩石力学试验包括：单轴压缩试验、三轴压缩试验、点荷载强度试验、抗拉强度试验、直接剪切试验、声波试验、渗透率试验、岩石硬度试验、冻融试验、蠕变试验、声发射试验等。

（2）室内放矿试验。室内放矿试验研究是利用现场采场结构和放矿系统几何相似的模型，选配与现场崩落矿岩组成和尺寸几何相似、力学性质基本相似的矿岩散体进行放矿试验，使两者的放矿过程达到物理上相似的方法。利用该试验方法能够研究放矿过程中崩落矿岩的移动规律，描绘放出体、松动体和残留体等形态，探究崩落矿岩的混杂过程与运移规律，指导采场结构参数、放矿方案和放矿制度的优选等。

目前，室内放矿试验模型可划分为两大类：砂子放矿模型和砾石放矿模型。由于砂子易于处理并且能够有效减小模型的相似比，因此早期的放矿学者们通常以砂子作为试验材料进行室内放矿试验。利用砂子放矿模型研究放矿规律存在两个明显的弊端：其一，由于在模型中无法布设可回收的标志颗粒，因此该模型仅能确定松动体的大小而不能准确地确定放出体的大小。其二，砂子的形状、大小和摩擦角等特性均与崩落矿岩的物理力学性质存在较大差距，其流动性明显更好，因此以砂子作为介质的放矿试验并不能反映真实的崩落矿岩放矿过程和结果。与砂子相比，砾石的物理力学性质与矿山现场崩落矿岩的性质更为接近；但与此同时，随着散体介质尺寸的显著增加，同一相似比时模型尺寸也大幅度增加。

虽然室内放矿试验费时、费力且具有一定的局限性，但是该方法能够再现、预演、预报和验证放矿情况，观察和人为控制放矿过程，剖析崩落矿岩流动机理，具有直观、方便等优点。室内放矿试验研究不仅对矿山采矿设计参数的确定及矿石损失贫化的降低具有重要意义，而且对放矿领域研究的快速发展具有巨大的推动作用。

（3）其他室内试验。采矿工程领域的室内试验还包括矿石破碎试验、筛分试验、浸出试验等。其中，矿石破碎试验用于评估不同矿石的破碎性能，包括破碎指数、能耗等，这有助于确定最佳的矿石破碎工艺，提高碎石效率。筛分是矿石处理的一个重要环节，室内矿石筛分试验可用于研究不同筛孔大小和筛分参数对矿石筛分效果的影响。矿石浸出是一种从矿石中提取有价值金属的方法，室内矿石浸出试验可用于研究不同浸出剂和浸出条件对矿石的浸出效率和金属回收率的影响。

室内试验的优点在于可以在受控环境下进行，精确控制试验变量，重复性高，从而获得准确数据。然而，室内试验也存在一定的局限性，如：受样本选择和人为误差影响，无法完全模拟复杂现实环境和相互作用，且无法包含时间因素和长期变化。因此，在进行室内试验时，需要考虑试验条件、结果和实际应用之间的差异，并结合其他方法，如原位试验和数值模拟等，以获得更全面和更可靠的研究结果。

1.1.4 理论分析

相较于工程经验分析方法，理论分析方法是在感性认识的基础上通过理性思维认识事物的本质及其规律的一种科学研究方法。理论分析属于理论思维的一种形式，它是在思想上把事物分解为各个组成部分、特征、属性、关系等，再从本质上加以界定和确立，进而通过综合分析，把握其规律性。

科学的理论分析必须做到：(1) 在一定的理论指导下进行，必须掌握有关的工程学理论。(2) 借助逻辑方法完成，运用归纳与演绎、比较与分类、分析与综合等逻辑方法。(3) 运用数学理论与方法对工程问题实现定量化分析，其中模型法越来越受到重视，已成为分析复杂工程问题的重要工具。(4) 应当把理论分析与实践检验相结合，使理论分析结果及时得到验证。

当试验条件、技术与设备不能满足学科与课题发展需要时，理论研究便成了强有力的研究方法，并且每个领域的突破均离不开理论的创新与发展。理论分析法作为采矿工程研究中最常用的方法之一，其在岩石力学、边坡工程、崩落法放矿等领域均有较为广泛应用，下面简要介绍其中具有代表性的理论及其应用条件。

1.1.4.1 岩石力学

在岩石力学发展前期，理论分析在研究中占据主导地位，各种经典理论相继出现。岩石强度理论是研究岩石材料在复杂应力状态下发生屈服或破坏规律的科学，通常采用岩石强度准则对岩石的屈服、破坏进行判断，因此岩石强度准则也被称为破坏判据，用于表征岩石在极限状态（破坏条件）下应力状态和岩石强度参数之间的关系。目前，最常用的强度准则包括库仑强度准则、莫尔强度理论和格里菲斯强度理论等。

库仑强度准则：该理论认为岩石的破坏属于正应力作用下的剪切破坏，它不仅与该剪切面上的剪应力有关，而且与该面上的正应力有关。岩石并非沿着最大剪应力作用面产生破坏，而是沿着其剪应力和正应力最不利组合的某一面而产生破坏。

莫尔强度理论：该理论认为材料发生破坏是由于材料的某一面上剪应力达到一定限度，而这个剪应力与材料本身性质和正应力在破坏面上所造成的摩擦阻力有关，即材料发生破坏除了取决于该点的剪应力，还与该点正应力相关。

格里菲斯强度理论：该理论认为脆性材料的断裂是由于分布在材料中的微小裂纹尖端有拉应力集中现象所致。

各种岩石强度理论均是建立在特定的假设条件下，其与复杂多变的自然岩体之间始终存在一定差距，因此理论的适用性受到一定限制。库仑强度准则仅适用于岩石材料的受压状态，不能应用于受拉状态，且只考虑最大与最小的主应力对岩石破坏的影响，并未考虑中间主应力的作用。莫尔强度理论同样没有考虑中间主应力的影响，均属于剪切破坏类型。相比于库仑强度准则，莫尔强度理论将包络线扩大或延伸至拉应力区。格里菲斯强度理论仅适用于研究脆性岩石的破坏，而针对一般的岩石材料，莫尔强度理论的适用性要远大于格里菲斯强度理论。

1.1.4.2 边坡工程

边坡稳定性评价是边坡工程中的核心内容，而相关理论分析方法较为多样。根据相关规范或规定，对于大型或地质条件复杂的边坡，其稳定性分析一般分为两个阶段进行：

第一阶段为定性分析，对初勘所取得的地质资料进行研究。由于该阶段试验资料少，多用定性分析对边坡稳定性作出评估，分析时应按不同的构造区段及边坡的不同方位分别进行。定性分析方法包括：工程地质类比法、坡率法、图解法、地质分析法（历史成因分析、过程机制分析）及边坡稳定专家系统等。

第二阶段为定量分析，对定性阶段分析中认为是不稳定的或不满足设计安全系数要求的边坡进行详勘，取得包括岩土或软弱结构面强度、地下水流与水压等方面的资料后，经定量分析对边坡稳定性作出判断。定量分析方法实质上是一种半定量的方法，虽然评价结果表现为确定的数值，但最终仍依赖人为判断。

目前，定量计算方法主要包括：极限平衡法、数值分析法、敏感性分析法、概率设计方法和荷载抗力系数设计法等。其中，极限平衡法视边坡岩土体为刚体，不考虑岩土体本身变形对边坡稳定性的影响，而且需要进行许多简化假设（如条分法中对条块间作用力及方向的假设），由此会产生一定的计算误差。但该类方法能够给出物理意义明确的边坡安全系数及潜在破坏面，因此被广泛应用于采矿、水利、土建等各类边坡的稳定性分析。

极限平衡条分法早期以莫尔-库仑抗剪强度理论为基础，将坡体划分为若干条块（主要为垂直条分），直接对某些多余未知量作出假设，使得方程式的数量和未知数的数量相等，问题变为静定可解，进而建立作用在条块上的力（力矩）平衡方程，求解安全系数。根据边坡破坏的边界条件，应用力学分析方法，对各种荷载作用下的潜在滑动面进行理论计算和抗滑强度的力学分析，通过反复计算和分析比较，最终确定边坡的安全系数。

目前，基于不同假设条件已形成多种极限平衡条分法，主要包括：瑞典条分法（Ordinary/Fellenius）、简化毕肖普法（Bishop Simplified）、简化简布法（Janbu Simplified）、陆军工程师团法（Crops of Engineers）、罗厄法（Lowe-Karafiath）、斯宾塞法（Spencer）、摩根斯坦-普赖斯法（Morgenstern-Price）、通用条分法（General Limit Equilibrium）、萨尔玛法（Sarma）及不平衡推力法。上述方法的主要区别在于条件力假设及其满足的平衡条件不同。

1.1.4.3 崩落法放矿

放矿属于崩落采矿法中核心的研究课题，经过长期的探索和诸多学者的努力，目前放矿领域中已经形成若干较为成熟的放矿理论，主要包括：椭球体放矿理论、随机介质放矿理论以及其他放矿理论。

单口放矿时，在放矿开始前放出矿岩散体在初始采场崩落矿岩堆中所占空间位置形成的形态定义为放出体（isolated extraction zone，IEZ）；采场崩落矿岩堆中所有发生移动的矿岩散体在空间中所形成的形态定义为松动体（isolated movement zone，IMZ）。椭球体放矿理论认为，放出体为一近似椭球体，故用椭球体方程作为放出体的表达式。在这个基础上，根据放出体的基本性质，导出一系列反映矿岩散体放出规律的方程式，用于说明矿岩散体的移动过程，这就是一般所谓的"椭球体放矿理论"。椭球体放矿理论是在大量室内试验的基础上，通过抽象假设放出体、松动体的形态均为椭球体，继而建立的迄今为止最为经典的放矿理论。

随机介质放矿理论是将矿岩散体简化为连续流动的随机介质，运用概率论的方法研究矿岩散体移动规律而形成的理论体系。除了椭球体放矿理论和随机介质放矿理论这两类经典的放矿理论之外，国内外学者通过研究又相继提出了放出期望体理论、类椭球体放矿理论、倒置水滴形放矿理论等多种放矿理论。上述放矿理论具有不同的优势与劣势，也都获得了不同程度的认可和实际应用，它们的出现有力地促进了放矿理论技术的发展和完善，不断加深了人们对崩落矿岩运移机理的认识和理解。

1.1.5 数值模拟研究

数值模拟（计算机模拟）是指依靠电子计算机，通过数值计算和图像显示的方法，达到对工程问题和物理问题乃至自然界各类问题研究的目的。

数值计算是指有效使用数字计算机求数学问题近似解的方法与过程，以及由相关理论构成的学科。数值计算主要研究如何利用计算机更好地解决各种数学问题，包括连续系统离散化和离散形方程的求解，并考虑误差、收敛性和稳定性等问题。数值计算具有四个重要特征：(1) 数值计算的结果是离散的，并且一定有误差，这是数值计算方法区别于解析法的主要特征；(2) 注重计算的稳定性，控制误差的增长势头，保证计算过程稳定是数值计算方法的核心任务之一；(3) 注重快捷的计算速度和高计算精度；(4) 运用有限逼近的思想进行误差运算。

数值模拟方法的主要优点包括：(1) 能够做任何传统的分析方法所能做到的分析与计算，而且做得更多、更好；(2) 能够给出复杂数学模型的解，因而能够从机理上预测工程性质，而不是统计和经验性的描述；(3) 方便快捷，可操作性和可重复性强。在现有理论成熟、计算模型合理以及力学参数正确的情况下，数值模拟分析结果完全可以用于指导工程实践。

现有数值模拟方法主要包括确定性分析和非确定性分析方法两类，而确定性分析又可分为连续介质分析和非连续介质分析方法。其中，连续介质分析方法包括：有限单元法、边界元法、有限差分法等，非连续介质分析方法包括：块体离散元法、颗粒离散元法、关键块体理论、不连续变形分析等。常用数值模拟方法的优缺点汇总见表1-1。

表1-1 常用数值模拟方法的优缺点

名称	优点	缺点
有限单元法	适用于变形介质的分析：(1) 能够对具有复杂地质地貌特征的边坡进行计算；(2) 考虑了岩土体的非线性弹塑性本构关系以及变形对应力的影响，可与多种方法相结合，从而发挥更大的优势，如刚体极限平衡有限元法	(1) 不能体现颗粒间的复杂相互作用及高度非线性行为；(2) 不能真实刻画散体材料的流动特性；(3) 对于大变形求解、岩体中的不连续面以及应力集中等问题的求解尚不理想
有限差分法	(1) 能够处理大变形问题，模拟岩体沿某一弱面产生的滑动变形，较为真实地反映实际材料的动态行为；(2) 能够有效模拟随时间演化的非线性系统的大变形力学过程	采用屈服准则，但求得的是局部单元的屈服破坏情况，而对整体的稳定情况评价力度不足

续表 1-1

名称	优点	缺点
离散单元法	（1）不受变形量限制，可方便处理非连续介质力学问题，体现多相介质的不同物理关系；（2）可有效模拟介质的开裂、分离等非连续现象，且能够反映其过程、结果与机理	（1）复杂模型构建及参数标定困难；（2）力学机理复杂，缺少工程应用验证
边界元法	可降低问题维数，输入数据准确简单，计算工作量少且精度较高，尤其对分析均质或等效均质围岩的地下工程问题更为方便	对于非连续多介质、非线性问题，不如有限单元法灵活、有效

1.2 常用数值模拟方法及软件

近几十年来，随着计算机技术的进步，不同数值模拟方法在采矿工程问题分析中均得到广泛应用，有力推动了采矿工程领域的持续发展。不同数值模拟方法具有各自的适用条件及不同程度的局限性，本节将分别介绍有限单元法、有限差分法、离散单元法和边界元法的概念、原理以及软件应用。

1.2.1 有限单元法

20 世纪 60 年代，美国 R. W. Clough 教授和我国冯康教授分别独立在论文中提出了"有限单元"的概念。经过半个多世纪的发展，有限单元法已从分析弹性力学平面问题扩展至空间问题和板壳问题；从静力问题扩展至动力问题、稳定性问题和波动问题；从线性问题扩展至非线性问题；从固体力学领域扩展至流体力学、传热学以及电磁学等其他连续介质领域；从单一物理场计算扩展至多物理场的耦合计算。有限单元法经历了从低级到高级、从简单到复杂的发展过程，目前已成为工程技术领域中实用性最强、应用最广泛的数值模拟方法之一。

1.2.1.1 有限单元法简介

有限单元法（简称为有限元法）是综合现代数学、力学理论、计算机技术等学科的一种连续物理场分析的数值计算工具，其基本思想是将实际复杂的结构体（求解域）假想为由有限个单元组成，每个单元仅在"节点"处连接并构成整体。求解过程是先建立每个单元的节点位移和节点力关系方程；然后按照单元间的连接方式组成整体，形成方程组；再引入边界条件，对方程组进行求解；最终获得原型在"节点"和"单元"内的未知量（位移或应力）及其他辅助量值。有限单元法按其所选未知量的类型，可用节点位移或节点力作为基本未知量，或二者皆用，分为位移型、平衡型和混合型有限单元法。

有限单元法在采矿工程中主要用于分析矿岩介质的连续小变形和小位移问题，其概念清晰，可在不同理论层面建立对有限单元法的理解，而且由于引入变形协调的本构关系，无需引入假定条件，保持了理论的严密性。目前，有限单元法已广泛应用于求解弹塑性、黏弹性、黏弹塑性、弹脆性以及黏弹脆性等采矿工程问题，对非均质、不连续问题，可采用特殊单元进行模拟分析，从而获得矿岩体应力、应变的大小与分布。

目前，有限元分析软件主要包括：ADINA、ANSYS、MSC、SAP5 等。本书以 ANSYS/LS-DYNA 为例，对其发展历程、主要功能和使用流程进行简要介绍。

1.2.1.2 LS-DYNA 发展历程

LS-DYNA 是一款大型的通用有限元软件，适用于模拟各类真实环境中的复杂问题，被国内外各行业广泛应用，目前已成为世界上著名的通用非线性有限元分析软件。

LS-DYNA 的原型为 DYNA 程序，由美国劳伦斯利弗莫尔国家实验室（Lawrence Livermore National Laboratory，LLNL）的 John O. Hallquist 博士在 20 世纪 70 年代主持开发，其研究的主要目的是为武器设计工作提供分析应用程序，经功能扩充和改进后，成为著名的非线性动力学分析软件，广泛应用于内弹道和终点弹道、武器结构设计和军用材料研制等领域。1988 年，John O. Hallquist 博士创建了 LSTC（Livermore Software Technology Corporation）公司，并将 DYNA 程序正式更名为 LS-DYNA，DYNA 程序正式走向商用，并由国防军工产品推广至民用产品，其理念为"One code, multi-physics"。在 1993～1995 年，增加了汽车安全性分析、薄板冲压成型过程模拟以及流体与固体耦合等新功能，使得 LS-DYNA 程序在国防和民用领域的应用范围进一步扩大。1996 年，LSTC 公司与 ANSYS 公司合作推出的 ANSYS/LS-DYNA，可以交互使用 LS-DYNA 与 ANSYS 的前后处理和统一数据库，使得 LS-DYNA 程序的分析能力迅速提高。为了进一步规范和完善 LS-DYNA 程序的研究成果，LSTC 公司于 1998 年、2001 年、2003 年、2005 年和 2008 年相继推出了 LS-DYNA 程序的多个版本。至此，LS-DYNA 程序经过几十年的不断完善和发展，已成为一个功能齐全的非线性通用显式动力分析程序，可以进行几何非线性（如位移、应变和转动）、材料非线性（如多种材料动态模型）和接触非线性等分析。

1.2.1.3 LS-DYNA 主要功能

LS-DYNA 程序以 Lagrange 算法为主，兼有 ALE 和 Euler 算法；以显示求解为主，兼有隐式求解功能；以结构分析为主，兼有热分析、流体-结构耦合功能；以非线性动力分析为主，兼有静力分析功能，是军事与民用各行业的通用结构分析非线性有限元程序，特别适合于求解各种二维或三维非线性结构的高速爆炸、碰撞和金属成型等动力冲击问题，还可以求解流体、传热及流固耦合问题。在采矿工程领域，LS-DYNA 程序主要用于模拟和分析巷道掘进过程中的爆破效果、地下矿山深孔爆破参数优化等岩体中的爆破问题。

LS-DYNA 程序具有丰富的单元库，包括：二维/三维实体单元、薄厚壳单元、梁单元、ALE 单元、Euler 单元、Lagrange 单元等；各类单元又有多种算法可供选择，具有大位移、大应变和大转动等性能；单元积分时采用沙漏黏性阻尼模拟存在的零能模式，可以满足各种薄壁结构、实体结构和流体-固体耦合结构的有限元网格划分需要，且计算速度快。

在材料模型方面，LS-DYNA 程序目前拥有近 150 种金属和非金属材料模型可供用户选择，涵盖了弹性、弹塑性、超弹性、泡沫、玻璃、地质、土壤、混凝土、流体、复合材料、炸药、刚性材料以及多种气体状态方程，并可考虑材料的损伤、失效、黏性、蠕变以及与温度、应变率相关的物理性质。此外，LS-DYNA 程序也支持用户自定义材料功能。

在接触分析功能方面，LS-DYNA 程序的全自动接触分析功能易于使用且功能强大，现有50多种接触类型可供选择，并可对以下各种接触问题进行求解：变形体对变形体的接触、变形体对刚体的接触、刚体对刚体的接触、板壳结构的单面接触（屈曲分析）、表面与表面的固连、壳边与壳面的固连、流体与固体的界面等，并可考虑接触表面的静动力摩擦（库仑摩擦、黏性摩擦以及用户自定义摩擦）和固连失效。

1.2.1.4 LS-DYNA 使用流程

虽然 LS-DYNA 程序具有非常强大的计算功能，但其前处理功能相对较差，因此通常采用 ANSYS 的前处理功能进行建模，划分网格，并由 ANSYS 生成 LS-DYNA 使用的关键字文件（K 文件）；通过对该关键字文件进行修改、增加或删除部分控制参数语句后，最终交由 LS-DYNA 程序进行数值计算与分析。

1.2.2 有限差分法

有限差分法是求解给定初值和（或）边值问题较早提出的数值方法之一。随着计算机技术的飞速发展，有限差分法以独特的计算格式和流程显示出一定的优势，其主要思想是将待解决问题的基本方程组和边界条件（一般均为微分方程）采用差分方程（代数方程）近似表示，即由有一定规则的空间离散点处的场变量（应力、位移）代数表达式代替。这些变量在单元内是非确定的，从而把求解微分方程的问题转换为求解代数方程的问题。

1.2.2.1 有限差分法简介

有限差分法的原理是将实际连续的物理过程离散化，近似置换成一连串的阶跃过程，用函数在一些特定点的有限差商代替微商，建立与原微分方程相应的差分方程，从而将微分方程转化为一组代数方程。有限差分法将实际的物理过程在时间和空间上离散化，分成有限数量的差分量，近似假设这些差分量足够小，以致在差分量的变化范围内物体的性能和物理过程都是均匀的，并且可以应用描述物理现象的定律，只是在差分量之间发生阶跃式变化。

有限单元法一般采用隐式的矩阵解算方法，而有限差分法则通常采用显式的时间递步法解算代数方程。连续介质快速拉格朗日法是最具代表性的显式有限差分方法之一。该方法遵循连续介质的假设，利用差分格式按照时步积分求解，随着计算模型结构形状的变化不断更新坐标，适用于分析非线性大变形问题，且其界面或滑动面可用于模拟滑动或分离的界面，如断层、节理或摩擦边界。因此，基于连续介质快速拉格朗日法开发的商业程序 FLAC 非常适用于采矿工程、岩土工程等领域的计算模拟。岩土材料达到极限状态时可能会经历塑性流动，FLAC 软件运用显式拉格朗日算法和混合离散划分技术，能够准确分析工程中的大变形塑性流动问题，适用于露天矿边坡的稳定性分析。然而，显式有限差分法假定在每一迭代时步内，每个单元仅对其相邻单元产生力的影响，且计算时步必须足够小，以保证显式算法计算稳定，故大大增加了计算时间，特别是对线性问题的求解，其效率明显低于有限单元法。此外，有限差分法对网格的要求也更高，网格的尺寸一般根据模拟岩体的实际特征和柯朗稳定条件确定。

本书以 FLAC 软件为例，对其发展历程、应用范围、主要功能与特点进行简要介绍。

1.2.2.2 FLAC 发展历程与应用范围

20 世纪 80 年代，P. A. Cundall 和依泰斯卡（Itasca）国际咨询公司开发了有限差分软件 FLAC（fast lagrangian analysis of continua），1994 年开发了三维版的 FLAC3D，并于 90 年代初引入中国，目前的最新版本为 9.0 版本。

FLAC 也被称为拉格朗日元法程序，目前已在全球七十多个国家得到广泛应用，在国际采矿和岩土工程学术界和工业界享有盛誉，其主要工程应用范围包括：（1）边坡稳定和基础设计中的承载力及变形分析；（2）矿山巷道、隧道等地下工程的变形与破坏分析；（3）隧道等地下工程中衬砌、锚杆、土钉等支护结构的分析；（4）采矿工程中的动力作用与地震分析；（5）水工结构中流体流动以及水-结构耦合分析；（6）基础与大坝由振动或变化的孔隙水压力引起的液化分析；（7）地下高放射性废料储存库由于热作用产生的变形与稳定问题分析。

1.2.2.3 FLAC 主要功能

FLAC 内置的本构模型反映了岩土材料的力学特性，能够进行土质、岩质和其他材料的三维结构受力特性模拟和塑性流动分析，并通过调整三维网格中多面体单元的方式拟合实际结构。为模拟实际岩土材料，FLAC 软件提供了多种材料模型，可分为三大类：空模型组、弹性模型组和塑性模型组。

（1）空模型组用于表征材料被开挖，空网格内的应力自动设置为 0，其对应的材料在后续模拟研究中可被定义为不同的材料模型，用于模拟开挖后回填。

（2）弹性模型组的主要特点是：卸载条件下变形可以完全恢复，应力-应变规律是线性的且与路径无关。该组模型包括各向同性弹性模型、正交各向同性弹性模型以及横观各向同性弹性模型。

（3）塑性模型组在卸载条件下变形无法完全恢复，共包含十余种本构模型为：德拉克-普拉格模型、莫尔-库仑模型、遍布节理模型、应变硬化/软化模型、双线性应变硬化/软化模型、双屈服模型、修正剑桥黏土模型、霍克-布朗模型、修正霍克-布朗模型、Cysoil 模型和简化 Cysoil 模型等。

另外，FLAC 软件还将多种蠕变模型和考虑材料孔压的本构模型作为可选功能提供给用户；允许输入多种材料类型，也可在计算过程中改变局部材料参数，增强了程序使用的灵活性。用户可根据需要针对性地修改或编写本构模型的源代码，从而开发新的本构模型。除此之外，FLAC 软件还提供结构单元（如锚杆、锚索、桩等）用于模拟工程加固，以方便评价支护效果。

1.2.2.4 FLAC 主要特点

FLAC 软件能够较好地模拟地质材料在达到强度极限或屈服极限时发生的破坏或塑性流动的力学行为，特别适用于分析渐进破坏、失稳以及模拟大变形。该软件的主要优点如下：

（1）采用混合离散法模拟塑性破坏与塑性流动，相较有限单元法中常采用的离散集成法更为准确、合理。

（2）采用显式求解方案，相较于隐式算法，显式算法的每一时步仅需少量计算，无需形成刚度矩阵，占用内存小，且适用于大位移、大应变问题。

（3）采用动态方程计算静态问题，在模拟不稳定的物理力学过程中不存在数值计算方法上的困难。

（4）无需通过反复迭代构建岩土体的本构模型，即使本构模型高度非线性，当通过一个单元的应变计算应力时也无需迭代。因此，能够处理任何本构模型，不需要调整算法。

FLAC 软件的主要缺点是前处理功能较弱。

1.2.3 离散单元法

连续介质分析方法具有计算效率高、可构建复杂模型等优点，但也存在诸多缺陷，如：不能反映岩土材料细微观结构之间的复杂相互作用，难以再现岩土材料非连续介质的破裂孕育演化过程，难以计算岩土材料的大变形和运移问题。在这一背景下，离散单元法应运而生。

离散单元法是由 P. A. Cundall 在 1971 年基于分子动力学原理提出的一种离散体物料的分析方法。离散单元法的基本思想是：将求解空间离散划分成若干个块体单元或者颗粒单元，并定义单元之间存在接触作用，根据力-位移法则和牛顿第二定律建立各单元之间的运动方程，采用时步迭代的方法进行求解，从而求取"非连续体"的运动形态。该方法是继有限单元法、计算流体力学之后，用于分析物质系统动力学问题的又一种强有力的数值计算方法。

1.2.3.1 离散单元法简介

离散单元法最早应用于具有裂隙、节理的岩体问题，将岩体视为被裂隙、节理切割的若干块体组合的非连续介质。基于岩体的变形主要受控于软弱结构面这一客观事实，提出了将岩块假定为刚体，以刚体单元及其边界的几何、运动和接触的相互作用为基础，基于单元之间的接触本构方程进行计算，求解节理岩体的变形与应力状态。

根据离散体单元的几何形状，离散体单元可分为块体离散元和颗粒离散元两大分支。其中，块体离散元以多边形块体或多面体块体为基本单元，依照块体间的接触状态，可分为顶点-面接触、面-边接触、顶点-边接触等接触关系，在接触搜索时需要先判断块体间的接触形式，并确定其接触面法向。颗粒离散元则以圆盘或圆球等为基本单元，与块体离散元相比，其基本单元形状较为简单，无需进行复杂的接触关系判断，具有更高的计算效率。

根据所采用的求解算法，离散元方法可分为动态松弛法和静态松弛法。动态松弛法通过牛顿第二定律计算单元体的位置、速度等运动信息，并通过单元间的力-位移关系更新单元接触力，二者交替作用，按时步迭代遍历整个计算模型，并通过阻尼耗散系统能量，使系统快速收敛至准静态或静态。静态松弛法通过寻找单元失去平衡后再次达到平衡的单元位置，联立单元间的力-位移关系建立方程组，并通过迭代求解矩阵的方式求取单元应力与位移等。由于静态松弛法涉及矩阵的求解，可能存在解的奇异性和不收敛性，因而目前大部分离散元软件采用动态松弛法进行求解。

20 世纪 90 年代以来，基于离散元理论开发的商业软件和开源软件发展迅速，其中以美国依泰斯卡（Itasca）公司和英国德颐姆方案（DEM-Soluion）公司开发的系列软件最具特色且应用最为广泛。美国依泰斯卡公司以解决岩土工程和采矿工程问题为目标，旗下离散元软件包括：基于不规则形状块体单元的通用离散单元法程序（universal distinct element code，UDEC）和三维离散单元法程序（3 dimension distinct element code，3DEC）软件，以及基于圆盘颗粒单元的二维颗粒流（particle flow code 2 dimension，PFC2D）和基于球形颗粒单元的三维颗粒流（particle flow code 3 dimension，PFC3D）软件。英国德颐姆方案公司以颗粒处理和生产操作为目标，开发了颗粒流软件 EDEM，通过模拟散体物料加工处理过程中颗粒体系的行为特征，协助设计人员对各类散料处理设备进行设计、测试与优化。同时，中国科学院基于连续介质力学的离散单元法（continuum-based discrecte element method，CDEM）开发的力学分析系列软件 GDEM、英国洛克菲尔德（Rockfield）公司开发的有限元/离散元耦合软件 ELFEN、加拿大多伦多大学基于有限元/离散元耦合方法开发的地质力学软件 Y-Geo、石根华建立的非连续变形分析（discontinuous deformation analysis，DDA）方法、南京大学开发的矩阵离散元软件（fast GPU matrix computing of discrete element method，MatDEM）、Olivier 和 Janek 采用 C++和 Python 语言编写的开源离散元软件 YADE 等也得到了较为广泛的应用。

目前，基于离散元理论开发的软件为解决众多涉及颗粒、结构、流体与电磁及其耦合等综合问题提供了有效平台，已成为过程分析、设计优化和产品研发的有力工具。其中，UDEC、3DEC 和 PFC 软件为岩土与类岩石材料的力学行为基础理论研究（破裂机制与演化规律、颗粒类材料动力响应等）和工程应用研究（地下灾变机制、堆石料特性、矿山崩落开采、边坡岩土解体、爆破冲击等）提供了有效手段。

本书以颗粒流理论和 PFC 为例，对其基本原理、基本单元、基本假设和计算过程进行简要介绍。

1.2.3.2 PFC 基本原理和基本单元

颗粒流理论是离散单元法的一个重要分支，将介质离散为许多颗粒的集合，宏观力学行为由颗粒集合体的性质和状态定义，并从细观角度研究介质的力学特性和行为。在利用颗粒流理论求解问题时，不需要定义介质的宏观力学行为，而是根据每个颗粒的运动以及颗粒之间作用力描述介质的力学行为。颗粒运动遵循牛顿第二定律，颗粒的相对运动和颗粒间相互作用力之间的基本关系依据接触本构模型确定，颗粒可彼此接触或者分离。通过选择合适的接触模型及适当的细观接触模型参数，可以有效模拟介质的宏观力学特性。

PFC 软件是基于颗粒流理论的基本原理和动态松弛法开发的细观力学分析软件，将介质整体离散为圆盘形（disk）或球形（sphere）颗粒单元进行分析，从细观角度探索研究对象的受力、变形、运动等力学响应。美国依泰斯卡公司于 1994 年首次推出颗粒流模拟软件 PFC（2D/3D）1.0 版本，截至目前已更新至 7.0 版本。

PFC 中的基本单元分为实体和组元，所有的计算模型由实体和组元以不同形式组合在一起。PFC 中的实体分为球体（ball）、墙体（wall）、刚性簇（clump），组元则分为球（ball）、面（facet）、卵石（pebble）。在二维分析时，离散颗粒为单位厚度的圆盘；在三维分析时，离散颗粒为实心圆球。每个颗粒均为具有一定质量的刚体，颗粒间允许产生一定的重叠，并通过接触本构模型计算其相互作用。

颗粒单元的直径及排列分布可根据需求设定，通过调整颗粒尺寸及粒径分布可控制模型的孔（空）隙率和非均匀性。墙体是面（facet）的集合，面可组成任意复杂多变的空间结构。在 PFC2D 模型中面以线段的形式表示，在 PFC3D 模型中则为三角形。墙体具有一定的刚度，通常作为模型的速度边界或位移边界，对颗粒产生约束作用。

颗粒间的接触模型是 PFC 模型的核心要素，分为非黏结模型与黏结模型两类。其中，非黏结模型主要用于模拟散体材料，描述其变形和运动；黏结模型在此基础上加入了强度的限制，主要用于模拟岩石及类岩石材料。对于黏结模型，当颗粒间接触承受的应力大于其黏结强度时，黏结键断裂并形成微破裂。当微破裂逐渐增多时，颗粒相互作用，模型发生变形和位移，从而实现岩土体损伤破坏机制模拟。

1.2.3.3 PFC 基本假设

广义的颗粒流模型可模拟由任意形状颗粒组成系统的力学行为。若颗粒是刚性的，则可根据每个颗粒的运动以及每个接触点上的作用力描述该系统的力学行为。若颗粒间作用定律模拟了颗粒间的物理接触，则使用软接触方法表征接触，其刚度可测量并允许刚性颗粒在接触点附近发生重叠。更复杂的颗粒间作用行为可通过黏结模型实现，如颗粒通过黏结模型结合在一起，黏结模型可通过特定的强度准则破裂。另外，颗粒间相互作用定律也可由势函数推导并模拟长程相互作用关系。

综上所述，PFC 软件中的颗粒流模型包含如下基本假设：

（1）颗粒单元为具有有限质量和定义表面的刚性体，即圆盘（2D）或球体（3D）。

（2）可通过 clump 簇命令生成具有复杂形状的刚性体，簇单元由一组重叠的小颗粒（pebbles）刚性连接而成。

（3）颗粒间的力和力矩于接触处传递，并通过颗粒间作用定律计算。

（4）物理接触时使用软接触方法，允许刚性颗粒在接触点处相互重叠。接触发生在一个很小的区域（即一点），并且重叠的大小和/或接触点的相对位移与通过力-位移定律计算出的接触力有关。

（5）颗粒间可生成黏结。

（6）长程相互作用关系可由势函数推导。

尽管 PFC 软件中假设基本颗粒为刚性体，但是仍可较好地描述颗粒集合体的变形，因为这类系统的变形主要取决于颗粒的运动及接触面处的变形，而不是颗粒体本身的形变。除了传统颗粒流应用外，PFC 软件也可用于分析土体、岩石等颗粒材料。这类材料可近似于许多小颗粒的集合，其应力、应变可用测量域的平均值表示，便于颗粒材料内部应力的分析。

1.2.3.4 PFC 计算过程

PFC 模型模拟了颗粒间的相互作用。作为一种显式的时步公式，模型状态在模拟过程中通过一系列的计算周期或循环推进，并需要基于当前模型状态定义终止循环条件。在循环计算过程中，可监测并查询颗粒相互作用过程中的力学行为，这也是离散元模拟的一个重要特征。图 1-1 为 PFC 循环迭代过程简图。

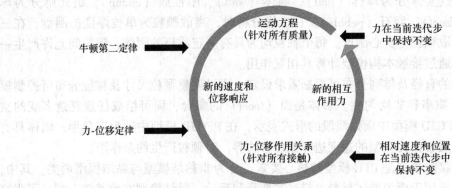

图 1-1　PFC 循环迭代过程简图

在每一次的循环迭代过程中,各操作命令均是按照一定顺序执行。这些操作命令包括:

(1)时步确定。颗粒流方法需要确定一个合适的时间步长以保证数值模型的稳定性,并确保所有接触均在颗粒间产生力或力矩前生成。过大的时间步长会导致数值模型计算的不稳定与不收敛,无法得到正确的计算结果;而时间步长过小则会导致计算时间过长,计算效率过低。

(2)运动定律。颗粒单元位置及速度均依照当前的时步及外力(包括力和力矩)计算,并需遵循牛顿第二定律。

(3)时间累进。将每一计算步的时间步长累加,得到当前计算时间。

(4)接触检测。根据当前颗粒的相对位置进行接触检测,动态创建或删除接触。

(5)力-位移定律。颗粒间的接触力与力矩,根据接触本构模型和颗粒间相对运动进行计算更新。

A 力-位移定律

力-位移定律通过接触点将相邻接触实体的相对位移和作用在实体上的接触力相联系,接触点位于两接触实体的"重叠"区域。对于两个颗粒之间的接触,接触平面的法向方向为两接触颗粒球心的连线方向,如图1-2所示;对于颗粒与墙体之间的接触,接触平面的法向方向为颗粒球心至约束墙体最短直线距离的连线方向,如图1-3所示。

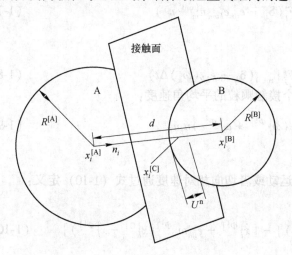

图1-2 颗粒与颗粒间的接触

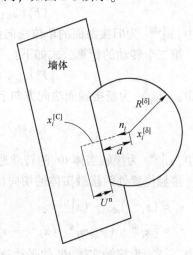

图1-3 颗粒与墙体间的接触

两接触颗粒之间接触平面的单位法向量 n_i 的计算公式见式(1-1):

$$n_i = \frac{x_i^{[B]} - x_i^{[A]}}{d} \tag{1-1}$$

式中,$x_i^{[A]}$、$x_i^{[B]}$ 分别为相邻颗粒A和颗粒B的球心位置;d 为颗粒A和颗粒B球心之间的距离,其计算公式见式(1-2)。

$$d = |x_i^{[B]} - x_i^{[A]}| = \sqrt{(x_i^{[B]} - x_i^{[A]})(x_i^{[B]} - x_i^{[A]})} \tag{1-2}$$

颗粒之间的重叠量 U^n 为：

$$U^n = \begin{cases} R^{[A]} + R^{[B]} - d & \text{颗粒与颗粒的接触} \\ R^{[\delta]} - d & \text{颗粒与墙体的接触} \end{cases} \quad (1\text{-}3)$$

式中，$R^{[A]}$ 为颗粒 A 的半径；$R^{[B]}$ 为颗粒 B 的半径；$R^{[\delta]}$ 为颗粒 δ 的半径。

接触点位置的计算公式为：

$$x_i^{[C]} = \begin{cases} x_i^{[A]} + \left(R^{[A]} - \dfrac{1}{2}U^n\right)n_i & \text{颗粒与颗粒} \\ x_i^{[\delta]} + \left(R^{[\delta]} - \dfrac{1}{2}U^n\right)n_i & \text{颗粒与墙体} \end{cases} \quad (1\text{-}4)$$

两接触实体之间的接触力向量 F_i 可以分解为法向分量和切向分量，即：

$$F_i = F_i^n + F_i^s \quad (1\text{-}5)$$

法向分量 F_i^n 计算公式如式（1-6）所示：

$$F_i^n = K^n U^n n_i \quad (1\text{-}6)$$

式中，K^n 为接触点处的法向刚度。

接触力向量的剪切分量采用增量形式进行计算，F_i^s 通过计算以下两个转动确定：一个是关于新旧接触面共有的直线，一个是关于新接触面的法向方向，并假设旋转很小。第一个转动的计算公式如下：

$$\{F_i^s\}_{\text{rot.1}} = F_j^s(\delta_{ij} - e_{ijk}e_{kmn}n_m^{[\text{old}]}n_n) \quad (1\text{-}7)$$

式中，$n_m^{[\text{old}]}$ 为旧接触面的单位法向量。

第二个转动的计算公式如下：

$$\{F_i^s\}_{\text{rot.2}} = \{F_j^s\}_{\text{rot.1}}(\delta_{ij} - e_{ijk}\langle\omega_k\rangle\Delta t) \quad (1\text{-}8)$$

式中，$\langle\omega_k\rangle$ 为新接触面法向方向上两个接触颗粒的平均角速度：

$$\langle\omega_i\rangle = \frac{1}{2}(\omega_j^{[\Phi^1]} + \omega_j^{[\Phi^2]})n_j n_i \quad (1\text{-}9)$$

式中，$\omega_j^{[\Phi^j]}$ 为接触实体 Φ^j 的转动速度。

接触位置处两接触实体的切向相对运动或者切向相对速度通过式（1-10）定义：

$$\begin{aligned} v_i &= (\dot{x}_i^{[C]})_{\Phi^2} - (\dot{x}_i^{[C]})_{\Phi^1} \\ &= [\dot{x}_i^{[\Phi^2]} + e_{ijk}\omega_j^{[\Phi^2]}(x_k^{[C]} - x_k^{[\Phi^2]})] - [\dot{x}_i^{[\Phi^1]} + e_{ijk}\omega_j^{[\Phi^1]}(x_k^{[C]} - x_k^{[\Phi^1]})] \end{aligned} \quad (1\text{-}10)$$

式中，$\dot{x}_i^{[\Phi^j]}$ 为接触实体 Φ^j 的平动速度。

v_i 的法向分量和切向分量分别表示为 v_i^n 和 v_i^s，则：

$$v_i^s = v_i - v_i^n = v_i - v_j n_j n_i \quad (1\text{-}11)$$

在一个计算时步 Δt 内，位移的切向分量增量为：

$$\Delta U_i^s = v_i^s \Delta t \quad (1\text{-}12)$$

由此产生的接触力切向分量为：

$$\Delta F_i^s = -k^s \Delta U_i^s \quad (1\text{-}13)$$

式中，k^s 为接触处的切向刚度。

新的切向接触力 F_i^s 由前一计算步中的接触力切向分量和当前计算步接触力的切向分量相加获得：

$$F_i^s = \{F_i^s\}_{\text{rot.2}} + \Delta F_i^s \tag{1-14}$$

由此作用于两个接触实体的合力及合力矩为：

$$F_i^{[\Phi^1]} \leftarrow F_i^{[\Phi^1]} - F_i$$

$$F_i^{[\Phi^2]} \leftarrow F_i^{[\Phi^2]} + F_i$$

$$M_i^{[\Phi^1]} \leftarrow M_i^{[\Phi^1]} - e_{ijk}(x_j^{[C]} - x_j^{[\Phi^1]})F_k$$

$$M_i^{[\Phi^2]} \leftarrow M_i^{[\Phi^2]} + e_{ijk}(x_j^{[C]} - x_j^{[\Phi^2]})F_k \tag{1-15}$$

B　运动方程

单个颗粒的运动状态取决于其所受的合力和合力矩，具体表现为平动和转动。颗粒的平动可以通过其位置坐标 x_i、速度 $\dot{x}_i$ 和加速度 $\ddot{x}_i$ 进行描述；颗粒的转动可以通过角速度 ω_i、角加速度 $\dot{\omega}_i$ 进行描述。运动方程可以由两个矢量方程进行描述：一个是合力和平动之间的线性关系方程，另一个是合力矩和转动之间的关系方程。

颗粒平动方程的矢量形式为：

$$m\ddot{x} = F + mg \tag{1-16}$$

式中，F 为颗粒所受合力；m 为颗粒的质量；g 为重力加速度。

转动方程的矢量形式为：

$$M_i = \dot{H}_i \tag{1-17}$$

式中，M_i 为作用于颗粒上的合力矩；$\dot{H}_i$ 为颗粒的角动量。

若局部坐标系沿着颗粒的惯性主轴，则由式（1-17）可以计算得到的欧拉运动方程为：

$$M_1 = I_1 \dot{\omega}_1 + (I_3 - I_2)\omega_3 \omega_2$$

$$M_2 = I_2 \dot{\omega}_2 + (I_1 - I_3)\omega_1 \omega_3$$

$$M_3 = I_3 \dot{\omega}_3 + (I_2 - I_1)\omega_2 \omega_1 \tag{1-18}$$

式中，I_1、I_2、I_3 分别为颗粒的惯性主轴性矩；$\dot{\omega}_1$、$\dot{\omega}_2$、$\dot{\omega}_3$ 分别为角加速度；M_1、M_2、M_3 分别为合力矩对主轴的分量。

对于一个半径为 R 的球形颗粒而言，以上三个主惯性矩均相等，式（1-18）可以进一步简化为：

$$M_i = I\dot{\omega}_i = (\beta m R^2)\dot{\omega}_i \quad \left(\text{其中 } \beta = \frac{2}{5}\right) \tag{1-19}$$

1.2.4　边界元法

边界元法是一种求解边值问题的数值方法，以 Betti 互等定理为基础，有直接法与间接法两种。直接边界元法以互等定理为基础，间接边界元法以叠加原理为基础。边界元法将边值问题归结为求解边界积分方程的问题，在边界上划分单元，求边界积分方程的数值解，进而求出区域内任意点的场变量，故又称为边界积分方程法。

与有限单元法相比，边界元法具有降低维数（将三维问题降为二维问题，将二维问题降为一维问题）、输入数据简单、计算工作量少、精度较高等优点，故在许多领域中得到了具体应用，尤其是针对均质或等效均质围岩的地下工程问题的分析更为方便。边界元法的主要缺点是对于多种介质构成的计算区域，未知数将会明显增加；当进行非线性或弹塑性分析时，为调整内部不平衡力，需在计算域内剖分单元，该情形下边界元法不如有限单元法灵活。

1.2.4.1 边界元法简介

边界元法仅在定义域的边界上划分单元，使用满足控制方程的函数逼近边界条件。采用边界元法求解时，根据积分定理，将区域内的微分方程转换为边界上的方程；然后，将边界分割成有限大小的边界元素（称为边界单元），把边界积分方程离散为代数方程，将求解微分方程的问题转换为求解关于节点未知量的代数方程问题。

边界元法借鉴有限元法划分单元的离散技术，通过对表面边界进行离散，得到边界单元，将边界积分方程离散为线性方程。经过离散后的方程组仅含有边界上的节点未知量，因而降低了问题的维数，最后求解方程的阶数降低，数据准备方便，计算时间缩短。另外，边界元法通过引用问题的基本解而具有解析与离散相结合的特点，使得计算精度较高。由于积分方程可以采用加权余量法获得，因此无需考虑泛函。

边界元法求解问题的基本步骤如下：

（1）问题及求解域定义。根据实际问题，近似确定求解域的物理性质和几何区域。

（2）边界积分方程的建立。选取适当的基本解，建立边界积分方程。直接法是使用具有明确物理意义的变量建立边界积分方程，求解未知的边界值。间接法是在无限大区域内沿着该问题的计算边界配置某种点源分布函数作为间接的待解变量，它对计算区域的影响是一系列点源影响函数（基本解）的叠加。虽然间接法的待解点源分布往往是虚构的，但其计算效果与直接法完全相同，且公式较为简单。

（3）确定数值方案。在建立边界积分方程后，边界元法的计算精度和计算效率取决于所采取的数值方案。其中，比较重要的问题有角点问题、各种奇异积分的处理、核函数与形函数乘积积分的精度控制、域内积分的处理和自适应边界元法误差估计等。

目前，应用最广泛的边界元法软件有加拿大 Rocscience 公司的 Examine2D 和 Examine3D。本书以 Examine3D 为例，对其主要功能进行简要介绍。

1.2.4.2 Examine3D 简介

Examine3D 是一款基于边界元理论、适用于地下硐室开挖工程设计与分析的软件，其数据可视化工具也被广泛应用于处理矿山或土木工程的三维数据，比如微震数据集的可视化、地震波速、源参数和事件密度等。Examine3D 可用于岩石地下和地表开挖的设计和分析，计算开挖岩体周围的应力和位移，并为工程人员提供方便的参数分析工具、各向同性和横观各向同性材料以及线性与非线性节理等。

Examine3D 包含三个程序模块：地下开挖区域的几何模型生成器，边界元离散、计算执行应力与位移求解的计算器以及使用直接边界元法解译的后处理器。Examine3D 能够将三维结果动画显示，程序界面为完全的交互式和菜单驱动，操作简单、易学易用。

1.2.4.3 Examine3D 主要功能

（1）模型构建：Examine3D 可以通过将模型数据直接导入，使用表面、拉伸、截面等方式创建几何模型，或者使 CAD 文件导入这三种方式建立初始模型；然后，通过软件自带的三种网格划分方式对几何模型进行网格划分，分别为阵列网格、放射网格与自定义网格；进而可以实现模型体积与表面积计算、模型自动校对、测量距离以及生成几何界面等功能。

（2）计算边界条件设置：包括设置常数、线性以及二次方程边界元、边界积分的处理。

（3）弹性参数值与破坏规则设置：包括设置恒定应力场和重力场，并给定 Hoek-Brown 或者 Mohr-Coulomb 破坏准则。

（4）应力和位移计算：可以在指定的切割面上显示应力张量、主应力、最大剪应力标量分量；在体积网格处显示整个模型的应力状态，在地表开挖处绘制每个节点的应力云图；也能够计算用户自定义点的应力。

（5）数值解译：可以在以下六个方面进一步对处理得到的数据进行展示：等值面、应力路径、应力流、应力云图、节理以及先进的渲染功能。1）等值面是指表面节理所有空间上的点在给定变量值的情况下均为等值；2）应力路径是指可在模型切开的平面上显示矢量方向的信息，路径有三种表示方式：带状、箭头状和棒状；3）应力流是显示三个应力的空间变化方向，具体为其长度方向代表最大主应力、宽度代表中间主应力，流丝带的法向方向代表最小主应力，不同的色彩代表不同的值；4）通过等值云图可以更好地理解地下开挖三维应力状态，使用者可以绘制主应力、位移、强度等值云图；5）普遍存在的节理选项在计算岩体强度因子时可以统计岩体周围的节理；6）渲染功能包括：颜色设置、阴影选项、动画、快速阴影等。

（6）计算结果输出：可以输出为 GIF/PCX/TGA 等图形文件、应力路径图或 Examine3D 文件等文件格式。

除此之外，其他数值模拟方法还包括流形元法、无单元法等。其中，流形元法是由石根华等于 1992 年提出的一种新的数值分析方法。流形元法的原理是以拓扑学中的拓扑流形和微分流形为基础，在分析域内建立可相互重叠、相交的数学覆盖和覆盖材料全域的物理覆盖，在每一物理覆盖上建立独立的位移函数，将所有覆盖上的独立覆盖函数加权求和，即可得到总体位移函数；然后，根据总势能最小原理，建立可以用于处理包括非连续介质和连续介质的耦合、小变形、大变形等多种问题。流形元法是一种具有一般形式的通用数值模拟分析方法，从某种意义上讲，有限单元法和非连续变形分析法均可视作是它的特例。

无单元法可视作是有限单元法的推广。它采用了一种特殊的形函数及位移插值函数，能够反映在无穷远处的边界条件，近年来已比较广泛地应用于非线性问题、动力问题和不连续问题的求解。无单元法的优点是能够有效解决有限元法的"边界效应"及人为确定边界的缺点（在动力问题中尤为突出），显著减小求解规模，提高求解精度和计算效率。

习 题

1-1 常用采矿工程问题研究方法主要有哪几种？简述不同研究方法之间的区别与联系。
1-2 常用数值模拟方法及软件有哪些？
1-3 常用数值模拟方法的优缺点各有哪些？

1-4 LS-DYNA 软件是否适合求解采矿工程领域中有关爆破或爆破参数优化的问题，为什么？
1-5 FLAC 软件是否属于使用有限差分法这种数值模拟方法的连续介质力学分析软件？
1-6 PFC 的英文全称是什么，PFC 数值计算的结果是否一定有误差？
1-7 简述离散单元法的发展历程、主要特点和应用领域。
1-8 简述 PFC 5.0 中几何对象的运动受力原理。
1-9 以露天矿边坡稳定性分析为例，阐释数值模拟方法在解决实际采矿工程问题中的作用与局限性。
1-10 从采矿工程问题的范围、精度、深度、效率与成本等角度综合阐释：室内试验技术日臻完善，是否仍有必要使用 PFC 等颗粒流数值模拟软件？

2 PFC 5.0 的基本命令与模型构建

Itasca 以往的系列软件更注重自身的学术性和功能性，用户体验方面是其短板。PFC 5.0 版本以后，用户界面的交互性明显提高。PFC 5.0 属于命令驱动式软件，若要精通解决问题的技能，必须熟练掌握基本命令和 FISH 语言的相关功能。本章基于 PFC 5.0 的最新功能，对主要命令分门别类进行介绍，并详细探讨其使用方法，具体包括：PFC 5.0 的常用术语、基本命令、建模流程、接触定义方法、墙体生成方法和颗粒生成方法等。

2.1 PFC 5.0 的常用术语

PFC 5.0 使用的术语大部分与连续体应力分析程序中使用的术语类似。另外，PFC 5.0 中还有用于描述非连续体特征的专门术语。熟悉并区分如下几个常用术语，有助于快速了解 PFC 方法。

（1）domain。domain 表示一个区域，用来进行接触检测判断。在 PFC 5.0 中，所有对象均存在于给定的 domain 区域内。如图 2-1 所示，domain 提供了四种边界条件类型：destroy、periodic、reflect、stop。

图 2-1　四种 domain 区域的边界条件类型

（2）bodies 和 pieces。PFC 5.0 中存在三种 body（ball、wall、clump），每个 body 由一个或若干个 piece 构成。其中，piece 用来进行接触检测与判断，每个 body 中所有 piece 的计算数据均存储于该 body 上，用于进行系统运动方程积分求解计算。

ball 是一个 body 和一个 piece；clump 是许多 pebble 的组合体，一个 pebble 即为 clump 中的一个 piece；wall 由一系列 facet 构成，每个 facet 均为 wall 中的一个 piece。body surface 由这些 piece 构成，property 即是针对 body surface 而言的。

pieces 接触类型有：ball-ball、ball-facet、ball-pebble、pebble-pebble、pebble-facet。接触类型顺序依次是 ball、pebble、facet。对于不同接触类型，使用者必须明确区分 contact.end1 和 contact.end2：对应 end1 的实体为 ball 或 pebble，而对应 end2 的实体则可能是 ball、pebble、wall。

（3）wall 和 facet。如图 2-2 所示，wall 由一系列 facet 构成，在 2D 情形下，facet 为线段；在 3D 情形下，facet 为三角形面。每个 facet 具有 2 个或 3 个端点，这些端点统称为 wall 的顶点（vertex），可以利用 wall.vertex.list 进行遍历查询。

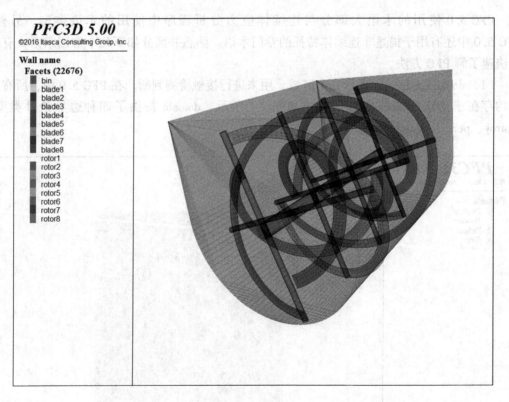

图 2-2　wall 和 facet

（4）clump 和 pebble。PFC 5.0 中把 ball 和 clump 进行了区分，如图 2-3 所示，将构成刚性簇的球称为 pebble。因此，接触类型中 pebble-pebble 指的是不同刚性簇间的接触，而不包括同一簇内部球体之间的接触。

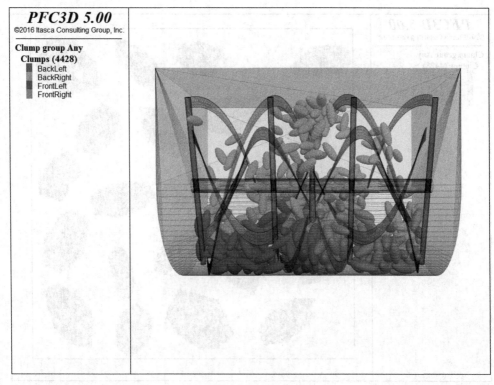

图 2-3 clump 和 pebble

（5）cluster、clump 和 convex rigid block。cluster 是指一组球体通过特定设置，利用接触相互黏结、密实并表现出簇的特性。但是，球体间的接触有限，在外力足够的条件下该簇可以破碎，故又称为柔性簇，如图 2-4 所示。

clump 是指一系列球体叠加在一起，无论什么条件，各球体（pebble）之间无相对变形，从而呈现出刚性颗粒运动的簇，称为刚性簇，如图 2-3 所示。

PFC 6.0 中新增了几何单元 convex rigid block，可以直接模拟刚性凸多边形（2D）或刚性凸多面体，称为刚性凸块，如图 2-5 所示。

（6）DFN 和 fracture。如图 2-6 所示，DFN（discrete fracture network）为离散裂隙网络，fracture（裂隙）是指单一裂隙。一个 DFN 是一系列 fractures 的集合，常用于模拟岩石和岩体中的节理裂隙。

（7）damping。阻尼（damping）用于耗散系统内部的能量。PFC 5.0 中能量耗散的三种方式为：1）摩擦（friction）；2）接触中的黏壶（dashpot）部分；3）在运动方程中设置局部阻尼（local damping）。静态求解时设置较大局部阻尼，加快计算平衡；动态求解时需要设置合理的局部阻尼。

在 PFC 4.0 及以前版本中，局部阻尼被默认设置为 0.7；在 PFC 5.0 中，局部阻尼被默认设置为 0。可以通过命令 ball attribute 或 clump attribute 加关键字 damp 的方式设置局部阻尼大小。

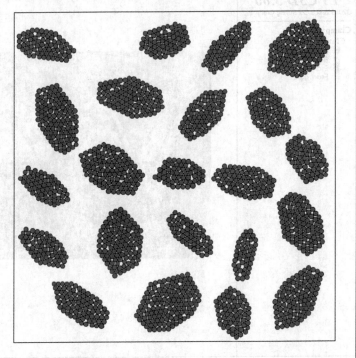

图 2-4 cluster 柔性簇

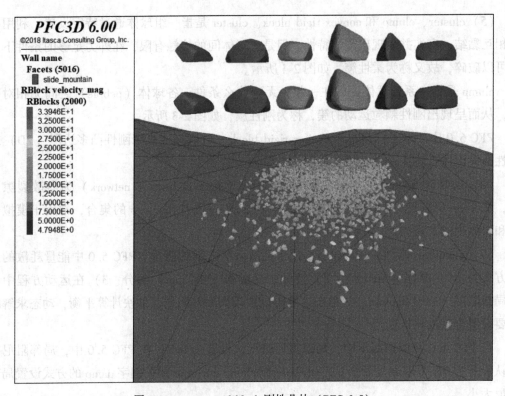

图 2-5 convex rigid block 刚性凸块（PFC 6.0）

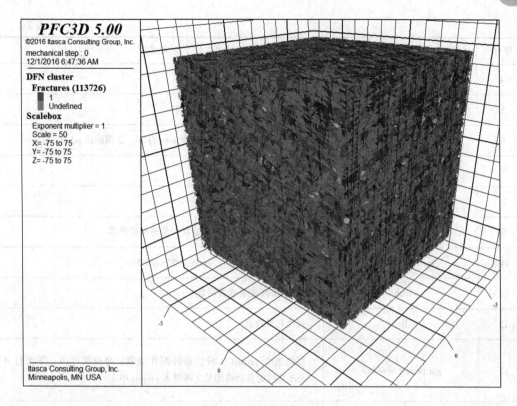

图 2-6　DFN 和 fracture

2.2　PFC 5.0 的基本命令

2.2.1　PFC 5.0 的通用命令

本节中述及的模型组件并不局限于 PFC，通常可用于 Itasca 系列软件：PFC2D、PFC3D、FLAC2D、FLAC3D 等，因此称为"通用"。这意味着上述软件之间存在大量的信息传递。例如：掌握组（group）在 PFC 软件中的工作方式足以使用户了解其在 FLAC 软件中的工作方式。此处介绍的通用命令在 Itasca 系列软件中均可以实现相同的目的，具有相同的底层逻辑，并且在相同的假设下运行。在命令流运行过程中，call、continue、new、pause、quit/exit、restore、return、save、shift+<esc> 等可用于驱动、暂停、恢复命令流运行。表 2-1 为 PFC 5.0 中的通用命令。

表 2-1　PFC 5.0 中的通用命令

序号	命令名称	功能描述
1	call aaa.p2dat	读取名为"aaa"的命令流批处理文件，并使用 PFC 运行
2	continue	利用命令 pause 暂停或出现错误后，继续读取批处理文件
3	new	清除已有计算，开始一个新的问题求解

续表 2-1

序号	命令名称	功能描述
4	pause(key/n)	暂停读取一个批处理文件
5	quit/exit	停止执行/返回操作系统控制
6	restore aa	读取已存储好的文件（命令 save 存储，后缀默认 p2sav、p3sav）
7	shift+\<esc\>	在任意运行步停止运行
8	return	返回操作界面
9	calm	对于力学过程，所有线速度和角速度被清零
10	cycle/solve/step	计算求解命令，如：cycle 1000 calm 50
11	fish	创建 FISH 变量或者函数
12	list	列出对象特征
13	gui project save\<s\>	存储整个 project 文件，包括图片设置、命令文件等，下次打开 project 文件时自动将相关文件导入 project 中
14	set	设置全局参数
15	undo i	最后 i 行命令不执行
16	title	标题

2.2.2 PFC 5.0 的颗粒相关命令

PFC 5.0 中的基本单元分为实体和组元，所有模型由实体和组元以不同形式组合在一起。PFC 5.0 中的实体分为 ball、wall、clump，组元分为 ball、facet、pebble。ball 既是实体也是组元。因此，PFC 5.0 模拟的是颗粒（可认为包含球体和墙体）的运动以及颗粒间的相互作用，颗粒间的力与运动通过接触力实现。表 2-2 为球体的相关命令。

表 2-2 球体的相关命令

序号	命令名称	功能描述
1	ball attribute	设置球的固有属性
2	ball create	生成单个具有指定属性的球
3	ball delete	删除球
4	ball distribute	生成若干可重叠的球

续表 2-2

序号	命令名称	功能描述
5	ball export	导出球
6	ball extra	设置球的额外变量
7	ball fix	固定球的速度
8	ball free	释放球的速度
9	ball generate	生成若干不重叠的球
10	ball group	设置球组名称
11	ball history	记录球的历史数据
12	ball initialize	修改球的属性
13	ball list	列出球的信息
14	ball property	设置球的表面属性
15	ball result	修改球的逻辑结果
16	ball tolerance	设置球的接触响应阈值
17	ball trace	添加球的轨迹
18	hist ball	同 ball history
19	list ball	同 ball list
20	trace ball	同 ball trace

2.2.2.1 ball create

命令 ball create 为生成单个具有特定属性的球，且可与已生成的球重叠。命令 ball create 后可加 group、id、position、radius 等关键字对新生成的球设置组别、编号、位置、半径等属性。当执行循环时，只能在循环点前生成球。

例 2-1 命令 ball create 生成特定属性的球实例

new
title 'ball create'
domain extent -10.0 10.0
ball create x -5.0

ball create x 5.0 radius 4.0
ball create id 10 x 0.0 radius 1.0 group middle
plot ball

基于命令 ball create 生成特定属性的球实例结果如图 2-7 所示。

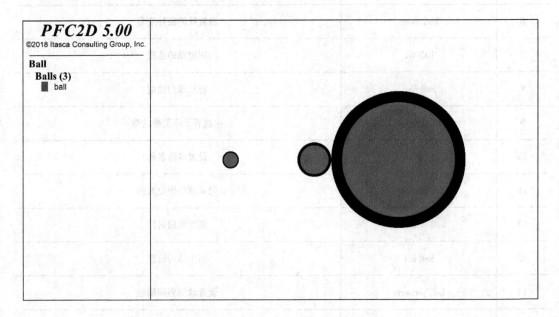

图 2-7　基于命令 ball create 生成特定属性的球实例结果

2.2.2.2　ball generate

命令 ball generate 为生成若干无重叠的球，当生成球的数目达到目标数目或者尝试次数达到指定次数时停止。默认状态下，球的位置和半径会均匀分布在指定区域内，因此球的特性受随机数生成器的影响（命令 set random）；球也可以通过关键字 gauss 实现高斯分布，默认尝试次数为 20000 次。另外，球还可以分别通过关键字 cubic 和 hexagonal 实现规则排列的方形和六边形。生成球的数目可由 number 决定，但是关键字 cubic 和 hexagonal 与关键字 gauss 不能共用，采用 cubic 和 hexagonal 关键字后，生成球数目将自动计算。另外，命令 ball generate 生成的颗粒在边界位置不做任何处理，只判断颗粒的质心是否位于指定区域内。

例 2-2　命令 ball generate 生成无重叠的球实例

new
title 'ball generate'
domain extent -10.0 10.0
ball generate radius 0.1 0.3 number 200 box -5.0 0.0 -5.0 5.0 tries 2000
plot ball

基于命令 ball generate 生成无重叠的球实例结果如图 2-8 所示。需要注意的是：虽然例 2-2 中指定生成颗粒的数目为"number 200"，但是受颗粒半径"radius 0.1 0.3"和指定生成区域大小"box -5.0 0.0 -5.0 5.0"所限，实际生成颗粒数目为 154。修改随机数或尝试次数可以改变实际生成颗粒的位置与数目。

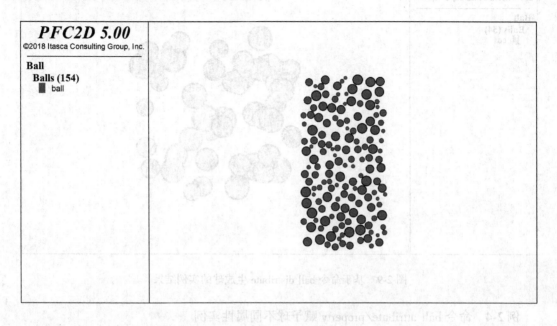

图 2-8　基于命令 ball generate 生成无重叠的球实例结果

2.2.2.3　ball distribute

命令 ball distribute 为按照空隙比分配球（可重叠）至指定区域，且当空隙比达到目标值时将会停止（不考虑颗粒间的重叠部分）。默认状态下，球的位置和半径在整个模型区域内统一分配，因此球的生成受随机数生成器的影响；也可以通过关键字 gauss 生成半径满足高斯分布的若干球；通过修改球的半径范围和体积分数，可以达到调整生成球数目的目的。另外，当球的目标数目已经达到或者尝试次数达到指定次数时，命令 ball distribute 和 ball generate 会产生如下区别：ball generate 无法生成更多的球，而 ball distribute 可以允许颗粒间重叠，故能够生成更多的球。

例 2-3　命令 ball distribute 生成球实例

```
new
title 'ball distribute'
domain extent -10.0 10.0
ball distribute radius 1.0 1.6 porosity 0.30
plot ball
```

基于命令 ball distribute 生成球的实例结果如图 2-9 所示。

2.2.2.4　ball attribute/property

命令 ball attribute 主要用于定义或修改球的固有属性（Inherent Attribute），如：半径、位置、密度、速度等参数，ball attribute 与 ball initialize 同义。命令 ball property 用于定义或修改球的表面属性，如：刚度、摩擦系数等参数。

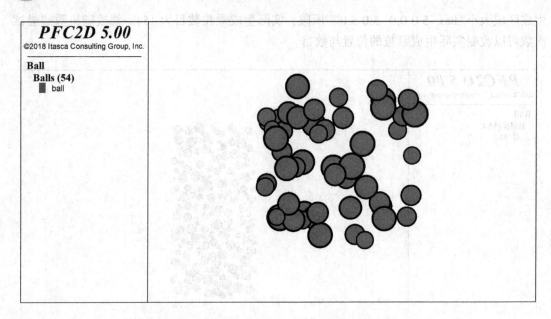

图 2-9　基于命令 ball distribute 生成球的实例结果

例 2-4　命令 ball attribute/property 赋予球不同属性实例

new

title 'Attributes and Properties'

domain extent -15.0 15.0

ball generate radius 0.1 0.5 number 200 box -10.0 10.0 -5.0 5.0 tries 2000

ball attribute density 1000 damp 0.7

ball property kn 1e8 range x -10 0

ball property kn 1e7 range x 0 10

plot ball

基于命令 ball attribute/property 赋予球不同属性的实例结果如图 2-10 所示。

2.2.2.5　range

range 是很多命令的关键字之一，同时也是定义范围名称的命令。一旦范围被指定，可以在任何命令中使用范围逻辑指定代替范围元素。若范围选择存在多个定义，默认为多个定义的交集。使用 union：并集；使用 not：补集；使用 by：利用对象进行选择。

例 2-5　命令 range 对球进行分组实例

new

domain extent 0 100 0 100 0 33

ball generate number 1000 radius 1 3

range name bookends union x 0 20 x 80 100 ;定义一个名称为 bookends 的范围,并用 union 取两个 x 范围的并集

ball group middle range x 50 60

plot ball

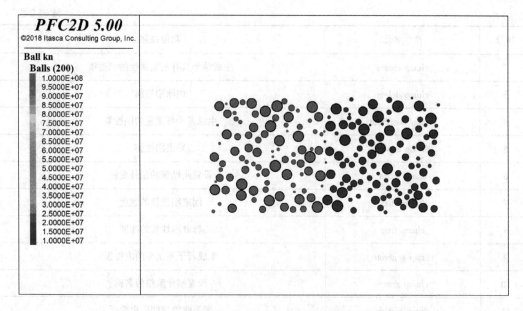

图 2-10　基于命令 ball attribute/property 赋予球不同属性的实例结果

基于命令 range 对球进行分组的实例结果如图 2-11 所示。

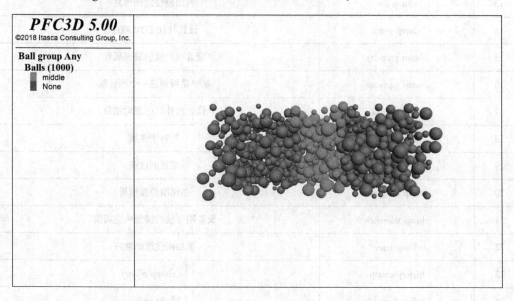

图 2-11　基于命令 range 对球进行分组的实例结果

表 2-3 为刚性簇的相关命令。

表 2-3　刚性簇的相关命令

序号	命令名称	功能描述
1	clump attribute	设置刚性簇的固有属性

续表2-3

序号	命令名称	功能描述
2	clump create	生成单个具有指定属性的刚性簇
3	clump delete	删除刚性簇
4	clump distribute	生成若干可重叠的刚性簇
5	clump export	导出刚性簇
6	clump extra	设置刚性簇的额外变量
7	clump fix	固定刚性簇的速度
8	clump free	释放刚性簇的速度
9	clump generate	生成若干不重叠的刚性簇
10	clump group	设置刚性簇组的名称
11	clump history	记录刚性簇的历史数据
12	clump initialize	修改刚性簇的属性
13	clump list	列出刚性簇的信息
14	clump order	设置转动EOM顺序
15	clump property	设置刚性簇的表面属性
16	clump replicate	基于模板创建一个刚性簇
17	clump result	修改刚性簇的逻辑结果
18	clump rotate	旋转刚性簇
19	clump scale	缩放刚性簇
20	clump template	创建刚性簇模板
21	clump tolerance	设置刚性簇的接触响应阈值
22	clump trace	添加刚性簇的轨迹
23	history clump	同clump history
24	list clump	同clump list
25	trace clump	同clump trace

2.2.2.6 clump create

命令clump create是生成单个具有指定属性的刚性簇，关键字calculate用于指定密度恒定情况下根据pebbles分布计算刚性簇的位置、体积和惯性张量，group用于指定刚性簇的分组，id用于指定刚性簇的编号，density用于指定刚性簇的密度，inertia用于指定刚性簇的惯性运动参量，pebbles 用于指定构成刚性簇的 pebble 数目、半径与位置，position 用于指定刚性簇的中心位置（不能与关键字 calculate 共用），volume 用于指定刚性簇的面积或体积，x、y、z 用于指定刚性簇的中心坐标。

当使用关键字 calculate 时，系统会采用 PFC 5.0 自带的覆盖法自动计算惯性参数、颗粒中心位置、体积等参量，取值范围为 0~1，取值越小则计算值越逼近理论值，因此 inertia、position、volume 等关键字不再生效。在生成刚性簇过程中，若使用 position、pebbles 等关键字，必须确保其运动参量等正确，否则使用关键字 calculate 会更加方便、准确。

2.2.2.7 clump distribute

命令 clump distribute 后可加 bin、box、porosity、diameter、fishsize、numbin、resolution 等关键字。命令 clump distribute keyword 的用法说明如下：

（1）当采用关键字 numbin inum 时，指定级配数目。需要使用关键字 bin 分别指定每个级配簇的尺寸等参数，其中，bin 后加 azimuth fazlow fazhi 设置随机旋转刚性簇模板的方位范围；density fdens 指定刚性簇的密度，默认值为 1.0；elevation fellow felhi 指定模板绕 y 轴的旋转角度；关键字 fishdistribution sfish $a_1 \cdots a_n$ 是指使用 FISH 函数 sfish（参数为 $a_1 \cdots a_n$）决定刚性簇的尺寸（不能与 size 或 guass 共用）；关键字 gauss <fcutoff> 指定高斯分布（级配均值与标准差（级配小值 * fcutoff））；关键字 size fsizelow <fsizehi> 指定随机分布尺寸；关键字 template stname 指定模板名称；关键字 volumefraction fvfrac 指定某一分布中刚性簇的体积分数，且所有分布的体积分数之和必须为 1；关键字 tile ftiltlow ftilthi 指定模板绕 x 轴的旋转角度。

（2）当采用关键字 box fxmin fxmax fymin fymax fzmin fzmax 时，表明刚性簇生成区域由矩形域确定，超出该范围的刚性簇会被自动删除。

（3）当采用关键字 porosity fporos 时，指定孔隙率。当达到目标孔隙率时，刚性簇生成停止。在二维情况下，默认孔隙率为 0.160；在三维情况下，默认孔隙率为 0.359。

（4）当采用关键字 diameter 时，采用体积等效方法线性放大或缩小刚性簇。

（5）当采用关键字 fishsize sfname 时，sfname 是指定的 FISH 函数名，通过 FISH 函数返回值决定刚性簇的尺寸，该函数必须以刚性簇的指针进行参数传递。

（6）关键字 resolution fres 为可选项，控制刚性簇生成尺寸的乘数因子。

2.2.2.8 clump template

命令 clump template 后可加 create（创建模板）、delete（删除模板）、export（导出为文件）、import（输入模板文件）等关键字。其中，clump template create 是应用较广的一个功能，故对其进行如下说明：

（1）当命令 clump template create 后加关键字 bubblepack 时，指定模板填充方法。distance fdistance 控制模板的圆滑程度，其范围为 0~180，越大则越光滑，越小则越粗糙；ratio fratio 指定最小/最大颗粒的半径比范围为 0~1，radfactor frad 默认值为 1.05 表明模板内颗粒的半径可以超出模板边界 5%；refinenum i 设定网格优化尝试次数（2D 默认 5000 次，3D 默认 10000 次）。

（2）当命令 clump template create 后加关键字 name 时，用于指定模板名称；加关键字 geometry s 时，表明名称为 s 的几何图形集作为模板边界。

(3) 当命令 clump template create 后加关键字 inertia fe11 fe22 fe33 fe12 fe13 fe23 时，指定模板的惯性运动参数。

(4) 当命令 clump template create 后加关键字 pebbles inumber frad vpos 时，指定刚性簇内颗粒的数目、半径与坐标，用于人为制作模板，且不能与关键字 bubblepack 共用。

(5) 当命令 clump template create 后加关键字 position vcpos 时，指定模板的中心；加关键字 volume fvol 时，指定模板体积；加关键字 x fposx、y fposx 和 z fposx 时，分别用于指定模板中心的 x、y、z 坐标，且这些关键字不能与关键字 pebcalculate 和 surfcalculate 共用。

2.2.2.9 clump generate

命令 clump generate keyword 用法说明如下：

(1) 生成相互不重叠的刚性簇。与命令 ball generate 用法类似，当刚性簇的数目达到要求或尝试次数达到指定次数时，停止生成。

(2) 默认情况下，刚性簇的位置和尺寸在模型指定区域内（关键字 box）均匀分布，也可以通过关键字 gauss 设置其服从高斯分布。因此，刚性簇生成受随机数生成器的影响（命令 set random）。

(3) 命令 clump generate 可以利用模板（关键字 template）进行生成。

(4) 关键字 range 可用于判断刚性簇的位置，当新生成的刚性簇形心未落在定义范围内，则不会添加至模型中。

(5) 命令 clump distribute 生成刚性簇时不考虑重叠量，仅按照设计孔隙率生成一定的刚性簇；而命令 clump generate 生成的刚性簇无重叠，因此刚性簇体系的初始状态通常达不到理想状态，需要借助伺服等外力进行修正。

2.3 PFC 5.0 的建模流程

2.3.1 PFC 5.0 命令流编制顺序

在编制 PFC 5.0 命令流时，必须按照一定顺序分别实现不同功能，才能进行最终分析。例如：domain 的定义必须在球体、墙体等实体生成之前。PFC 5.0 命令流编制的具体过程说明如下：

第 1 步：释放当前内存，开始新的项目分析。

new；（必要条件）

第 2 步：设置日志文件，该选项为可选项。

set logfile filename.log

set log on append；两种形式：一种是在已有文件中续写命令日志（关键字 append），另一种是覆盖已有日志记录（关键字 truncate）

第 3 步：设置模型名称，用于图像显示等用途，该选项为可选项。

title 'Particle flow simulations of mining processes'

第 4 步：设置计算区域（必要条件，必须在 ball、wall 等实体生成前设置）。

domain extent -10.0 10.0 condition reflect ；设置 domain 为反射性边界

；当 ball、wall、clump 等实体位于 domain 边界处时，处理方式分别为 destroy（删除)、stop（停止运动）、reflect（速度反向，弹回）和 periodic（从 domain 相对面重新出现，常用于均匀化方法)。按照维数可以设置 x、y、z 三个方向的范围；若只设置一个，则其他两个方向均默认与该方向相同

第 5 步：指定随机数（也可称为随机种子）。若未指定，种子随机，则每次生成的模型不同，即模拟结果不可重复；随机种子相同，则计算过程中的随机数相同，可以保证模拟结果重复。

set random 10001

第 6 步：生成模型的边界（必要条件）。除墙体 wall 以外，一组固定的球体也可作为边界。

wall generate box -5.0 5.0；生成一个矩形墙体

第 7 步：生成若干颗粒（ball、clump、cluster 等），并对其进行分组，以便于后续属性赋值。

ball generate radius 0.5 1.0 box 0.0 5.0 number 200
ball group 'fine_balls' range radius 0.5 0.75
ball group 'coarse_balls' range radius 0.75 1.0

第 8 步：设置球的实体属性（必要条件），如密度、速度、阻尼等。

ball attribute density 2500.0；设置球的密度
ball fix velocity range group 'coarse_balls'；固定分组为"coarse_balls"的颗粒速度
ball attribute damp 0.7；设置球的阻尼

第 9 步：指定接触模型（必要条件），可以通过 contact 方式、cmat 方式或者属性继承方式实现。

cmat default model linear property kn 1.0e7 fric 0.5

第 10 步：设置球的表面属性（即接触属性）。

ball property kn 3.0e8 ks 5.0e8 fric 0.4

第 11 步：添加外力（重力场、外界施加的作用力等）。

set gravity 0.0 -10.0

第 12 步：设置时间步长（若不指定，取默认值）。

set timestep auto
set timestep maximum 1.0e-5

第 13 步：记录数据（针对 ball、wall、clump、measure、contact 等对象）。

ball history id 2 xposition id 6；记录 ID 编号为 6 号球的 x 轴方向位置信息，记录事件的 ID 编号为 2 号

第 14 步：计算求解（必要条件），可以采用 step/cycle、solve 方式实现。

step 5000
cycle 6000
solve time 10.0
solve fishhalt @stop_me

第 15 步：输出数据并分析。

history write 1 file 'simulation1'；默认后缀为".csv"

第16步：保存模型。

save simulation1

set log off；关闭日志文件

return；返回操作界面

诚然，不同问题的模型构建、接触定义和计算求解过程各不相同，但其编制过程与上述实例大同小异。按照上述顺序进行编制，即可提交PFC 5.0软件进行计算，获得相应问题的求解。

2.3.2 PFC 5.0的简单建模实例

在介绍PFC 5.0命令流编制顺序的基础上，以简单实例2-6"Balls in a Box"说明PFC 5.0的主要建模流程，大体可分为如下四步：创建项目文件、创建数据文件、编辑模型代码和计算结果分析。

例2-6 PFC 5.0简单建模流程实例"Balls in a Box"

例2-6展示的是30个球在一个盒子内相互作用的过程。重力被激活后，模型分别被循环2次至目标时长10.0 s：第一次为无能量耗散的情况，第二次为通过接触颗粒间的摩擦和黏滞阻尼耗散能量的情况。与此同时，例2-6也展示了ball generate、ball attribute、ball history和cmat default等命令的基本用法，并使用了线性接触模型。具体建模流程介绍如下：

第1步：创建项目文件。

（1）点击"File"→"New Project..."，然后单击"Create a pfc3d project file"弹窗。

（2）选择路径，填写文件名"Balls in a Box"，单击"save"键保存，如图2-12所示。

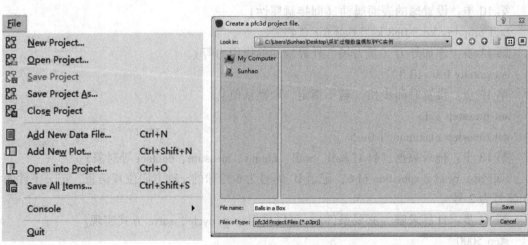

图2-12 创建项目文件

第2步：创建数据文件。

（1）单击"File"→"Add New Data File..."，弹出"add new data file"窗口并选择路径（一般与项目文件路径一致，便于管理）。

2.3 PFC 5.0 的建模流程

（2）填写文件名，单击"open"键保存并打开，出现"Edit Balls in a Box.p3dat"窗口，如图 2-13 所示。

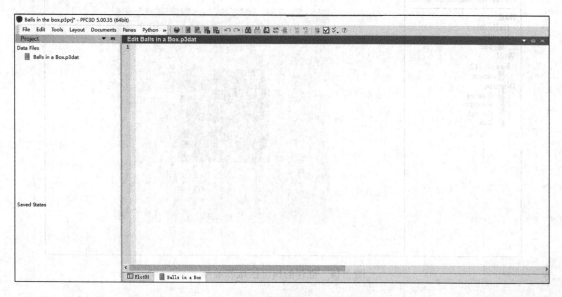

图 2-13 创建数据文件

第 3 步：编辑模型代码。

（1）添加初始注释，如：文件名、模型尺寸、建模目的、变量等说明，便于后期管理。

; fname: cmlinear_simple.p3dat

; Exercise the Linear contact model

（2）清理模型痕迹并确定标题。

new

title 'Balls in a box'

（3）创建模型区域 domain，范围为边长 20.0 m 的立方体，中心为模型原点（0.0，0.0，0.0）。

domain extent -10.0 10.0

（4）设置线性接触模型，法向接触刚度为 $1.0e6\ N\cdot m^{-1}$。

cmat default model linear property kn 1.0e6

（5）建立模型墙体，它是以模型原点为中心的边长为 10.0 m 的立方体，如图 2-14 所示。

wall generate box -5.0 5.0 onewall

（6）设置随机数 10001 和 30 个颗粒的半径、密度与位置等属性。

set random 10001

ball generate radius 1.0 1.4 box -5.0 5.0 number 30

ball attribute density 100.0

（7）设置重力加速度。注意：使用如下语法，则假设重力在 2D 中作用于 y 轴负方向，在 3D 中作用于 z 轴负方向；若指定了重力矢量的所有分量，则重力可以任意定向。

set gravity 10.0

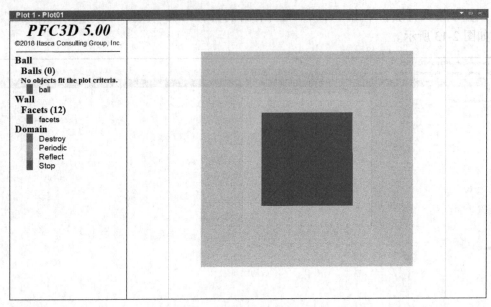

图 2-14 创建的模型区域和墙体

(8) 记录 ID 编号为 2 号球的 z 方向速度信息并保存文件。

ball history id 1 zvelocity id 2

save initial-state

(9) 运行无能量耗散情况下的模拟结果并保存，最终运行结果如图 2-15 所示。注意：若用户未指定扩展名，模型状态（sav）文件扩展名（".p2sav" in 2D，".p3sav" in 3D）将自动添加至文件名后。

solve time 10.0

save caseA-nodamping

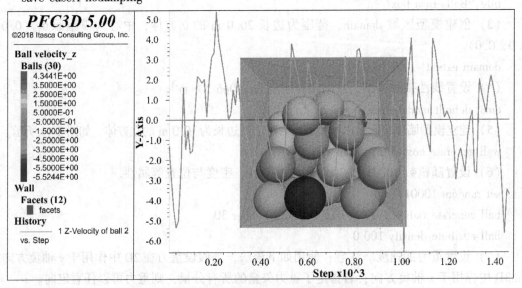

图 2-15 无能量耗散情况下的模型最终运行结果

(10) 重新载入已保存的 initial-state 文件。

restore initial-state

(11) 修改接触模型和颗粒属性。颗粒间摩擦和法向黏滞阻尼被激活，而线性接触模型将继续被用作默认接触模型。注意：由于现有接触已被分配接触模型，故修改 cmat 不会改变现有接触，而修改 cmat 后出现的接触会受到相应影响。若要修改现有接触，需使用命令 cmat apply。该命令能够强制查询全部现有接触的 cmat，并且可以在必要时重新分配接触模型；使用命令 cmat apply 将删除先前存储于接触模型中的所有信息。

cmat default model linear property kn 1.0e6 ks 1.0e6 fric 0.25 dp_nratio 0.1

cmat apply

(12) 记录信息，运行有能量耗散情况下的模拟结果并保存，最终运行结果如图 2-16 所示。

ball history id 2 zvelocity id 2

solve time 10.0

save caseB-damping

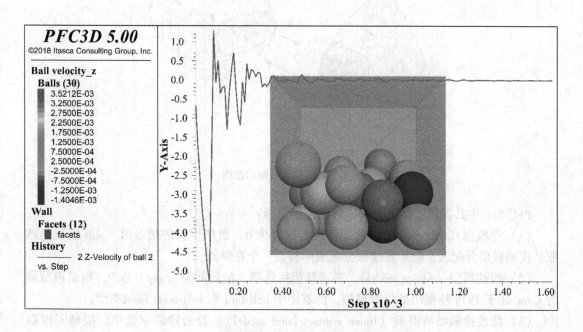

图 2-16　有能量耗散情况下的模型最终运行结果

第 4 步：计算结果分析。

如图 2-15 所示，模型内颗粒仍然保持着"跳动"，这是由于模型中未引入能量耗散机制，因此最初以势能形式存在的总能量被保留并分布于势能、动能和弹性应变能分区中。如图 2-16 所示，由于引入了摩擦和黏滞阻尼这两类能量耗散机制，故模型内颗粒均静止堆积于墙体内。

2.4 PFC 5.0 接触的定义方法

2.4.1 PFC 5.0 中的接触模型

接触的力学行为是离散元计算方法的关键问题，大量的球、簇、墙通过接触相互作用，由局部影响整体，反映不同尺度与类型的力学行为。在 PFC 5.0 中，主要存在五种接触类型：ball-ball、ball-facet、pebble-pebble、ball-pebble、pebble-facet。

如图 2-17 所示，实体 1（body 1）与实体 2（body 2）发生接触，其中接触部位位于实体 1 的 piece 1 和实体 2 的 piece 2 上，实体 1 与实体 2 所受到的力与弯矩作用于接触实体的形心处。接触状态变量更新顺序为：接触的有效惯性质量、实体中心位置、接触法向量和接触平面的坐标系统，最后确定接触间隙。上述信息更新后，基于使用的接触模型更新接触的激活状态，并利用接触准则判别力学行为。

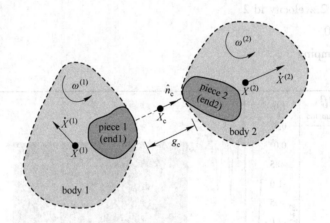

图 2-17 实体间接触示意图

PFC 5.0 中共提供了如下十种内嵌的接触模型：

（1）空模型（null model）。内部惯性力设置为 0，当产生新的接触时，null 模型仍然服从接触模型分配表，除非在接触分配表中特设一个存储槽。

（2）线性模型（linear model）。若去除阻尼选项，接触间隙（gap）取 0，则该模型即为 Cundall 于 1979 年提出的线性模型，能够用于 ball-ball 与 ball-facet 接触类型。

（3）线性接触黏结模型（linear contact bond model）。若去除阻尼选项，接触间隙取 0，则该模型退化为 Potyondy 于 2004 年提出的线性接触模型。因此，线性接触黏结模型也是基于线性接触的一种模型，能够用于 ball-ball 与 ball-facet 接触类型，并使用命令或 FISH 定义 linearcbond。

采用线性接触黏结模型时，接触黏结可以视作一组弹簧（黏结点），法向与切向刚度保持常数，每个弹簧均有指定的抗拉强度与抗剪强度。接触键的存在排除了滑移的可能性，即剪切力不受摩擦系数和法向力乘积的限制，而受剪切强度的限制；接触键使拉力在与间隙接触时发展，拉力是受抗拉强度限制。若法向力超过法向黏结强度，接触键产生破坏，法向力和剪切力归零；若剪切力超过剪切强度，接触键产生破坏，但不改变接触力。剪切力不会超过摩擦系数和法向力的乘积，且所提供的法向力仅能为压缩状态。因此，线性接触黏结模型破坏后会退化为线性模型。

(4) 平行黏结模型（linear parallel bond model）。平行黏结模型用于模拟黏结材料的力学行为（类似于环氧树脂胶合玻璃珠、水泥间骨料的黏结），该模型的黏结组件与线性元件平行，在接触间建立弹性相互作用。平行黏结键的存在并不排除滑动的可能性，平行黏结可以在不同实体之间传递力和力矩。

接触黏结可以视作一组弹簧，法向与切向刚度保持为常数，均匀分布于接触面和中心接触点。在平行黏结键形成后，在接触处发生的相对运动将使黏结材料内部产生力和力矩。这种力和力矩作用于两个接触块上，与胶结材料在键局域的最大正应力和剪应力有关。若应力超过相应的黏结强度，平行黏结键断裂，则该处的黏结及相应的力、力矩和刚度均会消除。因此，当平行黏结接触模型破坏后会退化为线性模型。

(5) 赫兹接触模型（hertz contact model）。赫兹接触模型属于非线性接触模型，用于分析光滑、弹性球体在变形中产生的法向力和剪切力，可以用于 ball-ball 与 ball-facet 接触。该模型添加了黏滞阻尼器模拟能量耗散，而法向与切向只传输一个力。

(6) 滞回接触模型（hysteretic contact model）。滞回接触模型采用弹性赫兹模型，法向阻尼为非线性黏滞阻尼，可以采用命令 hysteretic 设置。

(7) 光滑节理模型（smooth-joint contact model）。光滑节理模型不考虑沿节理局部颗粒接触的方向，可以采用命令或 FISH 定义 smooth-joint。对摩擦型或黏结型节理两侧一定范围内的颗粒调用该模型，可模拟摩擦型或黏结型岩石节理的力学行为。

(8) 平节理模型（flat-joint model）。平节理接触模型用于模拟两个表面之间的力学行为，每个接触均是刚性连接至一个物体上。该模型中的晶粒由颗粒与抽象面组成，一个晶粒表面可以有多个抽象面，抽象面与对应晶粒刚性连接，因此晶粒之间的有效接触变为抽象面之间的接触。中间接触面的机理行为可以是全黏结的、非黏结带有摩擦的或是沿接触表面变化的。

平节理模型的节理接触单元主要分为两类：黏结单元（类型 B）和非黏结单元（类型 G 和类型 S）。类型 G 可视为多孔岩石中的开孔或孔隙，而类型 S 可视为致密岩石中已经存在的裂缝或解理，作为模型中的预制裂纹。

(9) 滚动阻抗线性接触模型（rolling resistance linear model）。滚动阻抗线性接触模型与线性接触模型相似，只是内部弯矩随着接触点上累积的相对转动线性增加。当该累积量达到法向力和滚动摩擦系数与有效接触半径乘积最大值时，达到极限值。注意：该模型仅考虑接触点上的相对弯曲，通常用于颗粒体系间转动效应非常明显的接触分析。

(10) 伯格斯蠕变模型（Burger's model）。伯格斯蠕变模型在法向和切向，采用麦斯威尔（Maxwell）模型和开尔文（Kelvin）模型串联的方式模拟颗粒体系间的蠕变机制。麦斯威尔模型是线性弹簧和阻尼器的串联组合，开尔文模型是线性弹簧和阻尼器的并联组合。伯格斯蠕变模型作用范围非常小，因此仅能传递力的作用。

注意：通常而言，PFC 5.0 中的接触仅以以上十种类型之一，且同一个接触不能同时指定为两种接触模型，这点与早期版本的软件不同。另外，根据任务需求，可以使用 C++ 插件选项，创建用户自定义接触本构模型（user-defined contact model），从而将新的物理特性引入 PFC 5.0 模型中。这些用户自定义接触本构模型在运行时加载，并以与内置接触本构模型完全相同的方式使用。

2.4.2 接触模型分配表法

PFC 5.0 采用接触模型分配表（contact model assignment table，CMAT）控制接触模型的分配、接触关联性质的赋值以及基于接触准则的距离检测（判断接触是否激活）。接触模型分配表 cmat 包括一系列优先级的模型存储槽（命令 cmat add）和缺省接触类型（命令 cmat default）。每个模型存储槽包含一个接触模型、特征参数和基础方法，同时非缺省的存储槽还包括 range 定义的作用范围。

新产生的接触通过判断被加入至某个 cmat 存储槽中，则该模型存储槽内的参数、方法即赋值给该接触。接触表分配的顺序如下：

（1）对非缺省的 cmat add 定义存储槽按照顺序（优先级）判断接触，满足某个存储槽即将该接触归类至这一存储槽，停止判断。

（2）若 cmat add 未找到对应的存储槽，则采用默认的接触类型（cmat default）。

与接触模型分配表法相关的命令包括：

cmat apply <range…>；将接触模型分配表施加至当前某范围内的接触上

cmat modify；修改接触模型分配表

cmat remove；移除接触模型分配表

接触模型分配表法在应用于多元介质、接触种类较多的情况时，能够分别施加不同的接触类型和参数，非常方便。

命令 cmat add 使用方法说明：

```
cmat <sprocess> add <i> keyword…range
    primary keywords：
        inheritance | method | model | property | proximity
```

（1）采用关键字 inheritance s c…，接触模型特性参数 s 被赋值给 c。

（2）采用关键字 method sm <sa a>…，接触模型定义方法 sm 连同其参数均在当前 cmat 的条目中登记，并在产生接触时激活。

（3）采用关键字 model keyword，指定接触模型（null、linear、linearcbond、linearpbond、flatjoint、hertz、hysteretic、rrlinear、burger、smoothjoint）。

（4）采用关键字 property s a <inheritance b>…，接触模型特性 s 被设置为 a，其中 s 需要查询不同接触类型的属性参数表。<inheritance b>为可选项，一旦选择该属性继承参数被设置为 b。

（5）采用关键字 proximity fd，设置接触检测距离为 fd。

命令 cmat default 用法说明：

```
cmat <sprocess> default <type stype> keyword…
    primary keywords：
        inheritance | method | model | property | proximity | type
```

前五个关键字用法与命令 cmat add 相同；当采用关键字 type 时，可以指定接触类型（ball-ball、ball-facet、ball-pebble、pebble-facet、pebble-pebble）。

2.4.3 当前接触定义法

当前接触定义法是将接触模型与参数施加至当前某一范围的接触中，这些接触一旦破坏或者产生了新的接触仍然由接触分配表（cmat）控制，因此其功能与命令 cmat apply 相同。

与当前接触定义法相关的命令如下：

分配接触方法：contact \<sprocess\> method sm \<sa a\>...\<range\>
分配接触模型：contact \<sprocess\> model keyword \<range\>
设置接触参数：contact \<sprocess\> property s a \<inheritance b\>...
接触分组：contact \<sprocess\> group sss keyword...\<range\>
接触删除：contact \<sprocess\> delete \<range\>
基于组行为分组：contact \<sprocess\> groupbehavior keyword
接触继承定义：contact \<sprocess\> inhibit bval \<range\>
列出接触信息：contact \<sprocess\> list \<keyword\> \<all\> \<type s\> \<range\>
设置接触持久性标志：contact \<sprocess\> persist bval \<range\>
记录接触内变量：contact \<sprocess\> history \<id id\> s keyword...

2.4.4 PFC 5.0 的接触施加实例

当一个新的接触形成时应该被赋予哪种接触模型？这个问题的答案将决定 PFC 5.0 模型的本构力学行为，并且与每个模型的具体情况密切相关。PFC 5.0 本身不能做出任何一般性的假设，相反 PFC 5.0 将默认使用空模型，用户需要指定在每个 PFC 5.0 模型中应该使用何种接触模型。因此，如何在适当的时机赋予合适的接触模型与接触力学参数，是利用 PFC 5.0 软件进行数值计算并得到良好效果的关键问题。

例 2-7 至例 2-14 展示的是在一个方形墙体内装填一组球，并循环至整个模型达平衡状态。下面侧重于介绍 cmat 与接触属性施加规则相关的功能。

2.4.4.1 默认接触属性（命令 cmat default）的使用

命令 cmat default 将自动应用于所有默认接触。例 2-7 构建的模型中包括球-球和球-墙接触，所有接触均使用相同的线性接触模型，法向刚度 $k_n = 1.0e6$，切向刚度 $k_s = 1.0e6$，法向临界阻尼比 $\beta_n = 0.25$。图 2-18 为重力作用下小球落于底墙后线性接触模型的最终状态。

例 2-7 采用 cmat default 默认接触属性实例

```
new
set random 10001
domain extent -1.0 1.0 condition destroy
wall generate box -1.0 1.0 onewall
ball generate number 200 radius 0.03 0.06 box -1.0 1.0 group 'ore'
ball attribute density 4000.0
```

cmat default model linear property kn 1e6 ks 1e6 dp_nratio 0.25 ;默认接触参数
set gravity 0.0 -9.80
solve aratio 1e-4;计算平衡
save cmat1

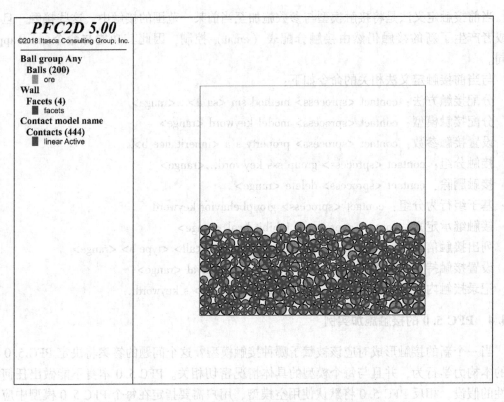

图 2-18 重力作用下小球落于底墙后线性接触模型的最终状态

2.4.4.2 依据接触类型（命令 cmat default type）设置接触

在 PFC 5.0 接触中，共存在 ball-ball、ball-pebble、ball-facet、pebble-pebble、pebble-facet 五种类型，因此可以依据不同类型分别设置不同的接触力学参数。例 2-8 构建了一个类似于例 2-7 中的模型，区别是使用了两种不同的接触模型。球-球之间的接触被指定为赫兹接触模型，而球-墙之间的接触仍为线性接触模型，图 2-19 为重力作用下小球落于底墙后赫兹接触模型的最终状态。

例 2-8 采用 cmat default type 分别设置接触属性实例

new
set random 10001
domain extent -1.0 1.0 condition destroy
wall generate box -1.0 1.0 onewall
ball generate number 200 radius 0.03 0.06 box -1.0 1.0 group 'ore'
ball attribute density 4000.0
cmat default type ball-ball…;球-球之间接触设置为赫兹接触模型
        model hertz…

```
                property hz_shear 20e9 hz_poiss 0.2...
                        fric 0.3...
                        dp_nratio 0.25
cmat default type ball-facet...   ;球-墙之间接触默认为线性接触模型
                model linear...
                property kn 1e6 dp_nratio 0.25
set gravity 0.0 -9.80
solve ;计算平衡
save cmat2
```

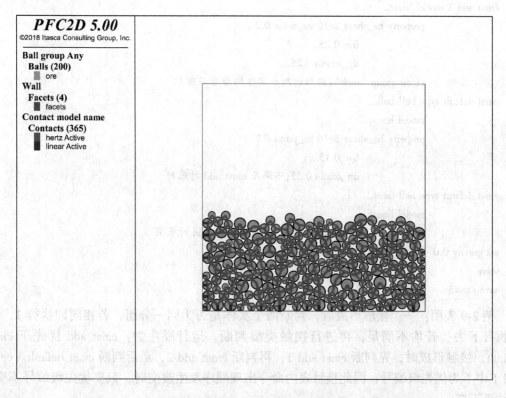

图 2-19 重力作用下小球落于底墙后赫兹接触模型的最终状态

2.4.4.3 依据接触对象的分组行为设置接触

例 2-9 的目的是使用赫兹接触模型对矿石和岩石颗粒进行建模。在这种情况下，需要创建两组不同的球分别代表两种散体介质，并在 cmat 中添加可选槽以依据两个接触实体的分组确定赫兹接触模型的力学属性。

例 2-9 采用接触分配表（cmat add）与对象分组分配属性实例

```
new
set random 10001
domain extent -1.0 1.0 condition destroy
wall generate box -1.0 1.0 onewall
ball generate number 200 radius 0.03 0.06 box -1.0 1.0 group 'ore'
```

```
ball generate number 200 radius 0.03 0.06 box -1.0 1.0 group 'rock'
ball attribute density 4000.0 range group 'ore'
ball attribute density 2500.0 range group 'rock'
contact groupbehavior and;or
cmat add 1 model hertz…;添加一种接触且与 cmat default 类似,但无 type 关键字
            property hz_shear 1e10 hz_poiss 0.2…
                    fric 0.3…
                    dp_nratio 0.25…
            range group 'ore';接触的两个实体均为矿石颗粒
cmat add 2 model hertz…
            property hz_shear 2e10 hz_poiss 0.2…
                    fric 0.25…
                    dp_nratio 0.25…
            range group 'rock';接触的两个实体均为岩石颗粒
cmat default type ball-ball…
            model hertz…
            property hz_shear 3e10 hz_poiss 0.2…
                    fric 0.15…
                    dp_nratio 0.25;不满足 cmat add 时采用
cmat default type ball-facet…
            model linear…
            property kn 1e6 dp_nratio 0.25;不满足 cmat add 时采用
set gravity 0.0 -9.80
solve
save cmat3
```

例 2-9 表明：一个接触形成后,判断两个实体是否为同一分组,若相同即执行 1,依次执行下去；若均不满足,再进行接触类型判断。运行顺序为：cmat add 优先于 cmat default,接触形成时,先判断 cmat add 1,再判断 cmat add 2,最后判断 cmat default。cmat add 1 中 1 为优先级编号,因此接触表内命令出现顺序发生改变时,只要优先级编号不变,则结果不变。

此处应注意命令 contact groupbehavior and (或者是 or),若后面采用关键字 and,表示当接触对象均在组内时即满足要求,不同接触分组参数分布如图 2-20 所示。

若后面采用关键字 or,表示当接触对象有一个满足要求即满足要求,不同接触分组参数分布如图 2-21 所示。

2.4.4.4　使用属性继承（命令 ball property）设置接触属性

例 2-9 展示了如何使用 cmat 中的可选槽指定接触模型属性中的异构性,另一种方法是使用属性继承设置接触属性,见例 2-10。图 2-22 为含有属性继承时参数赋值对比结果。

例 2-10　属性继承指定接触属性实例 1

```
new
set random 10001
domain extent -1.0 1.0 condition destroy
```

2.4 PFC 5.0 接触的定义方法

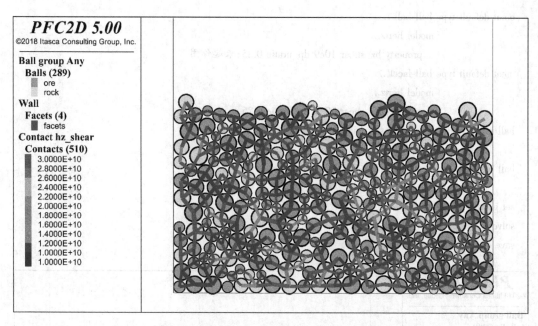

图 2-20　采用 cmat add 指定接触（and 情况）

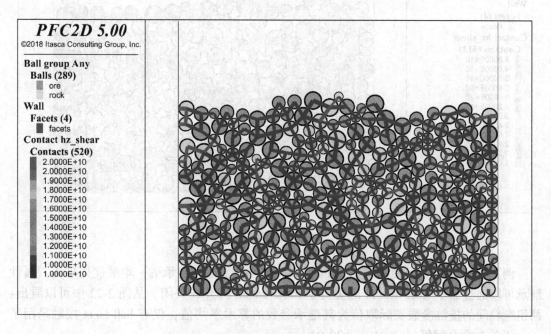

图 2-21　采用 cmat add 指定接触（or 情况）

```
wall generate box -1.0 1.0 onewall
ball generate number 200 radius 0.03 0.06 box -1.0 1.0 group 'ore'
ball generate number 200 radius 0.03 0.06 box -1.0 1.0 group 'rock'
ball attribute density 4000.0 range group 'ore'
ball attribute density 2500.0 range group 'rock'
```

```
            cmat default type ball-ball...
                        model hertz...
                            property hz_shear 10e9 dp_nratio 0.25;未起作用
            cmat default type ball-facet...
                        model hertz...
                            property hz_shear 20e9 dp_nratio 0.25
            ball property hz_shear 30e9 hz_poiss 0.2 fric 0.6...
                    range group 'ore'
            ball property hz_shear 40e9 hz_poiss 0.2 fric 0.3...
                    range group 'rock'
            set gravity 0.0 -9.80
            solve
            save cmat4
```

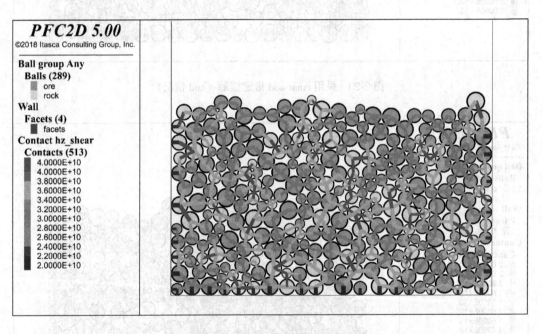

图 2-22 含有属性继承时参数赋值对比

例 2-10 表明：一旦使用了命令 ball property，只要是可继承的，均最优先采用。属性继承可以通过命令 cmat default 的关键字 inher on/off 打开或关闭。从图 2-22 中可以看出：两组颗粒间的接触参数实际取值为其继承参数的算术平均值，仅有 ball-facet 接触采用了 cmat default 命令赋值（hz_shear = 20e9）。

将属性继承关闭时（见例 2-11），参数赋值对比结果如图 2-23 所示。

例 2-11 属性继承指定接触属性实例 2

```
new
set random 10001
domain extent -1.0 1.0 condition destroy
wall generate box -1.0 1.0 onewall
```

```
ball generate number 200 radius 0.03 0.06 box -1.0 1.0 group 'ore'
ball generate number 200 radius 0.03 0.06 box -1.0 1.0 group 'rock'
ball attribute density 4000.0 damp 0.5 range group 'ore'
ball attribute density 2500.0 damp 0.5 range group 'rock'
ball property kn 5e7 ks 5e7 fric 0.6...
      range group 'ore'
ball property kn 6e7 ks 6e7 fric 0.3...
      range group 'rock'
cmat default type ball-ball...
               model linear...
               property kn 1e7 inher off ks 1e7 inher off fric 0.1;未起作用
cmat default type ball-facet...
               model linear...
               property kn 2e7 inher off ks 2e7 inher off fric 0.2
set gravity 0.0 -9.80
solve
save cmat5
```

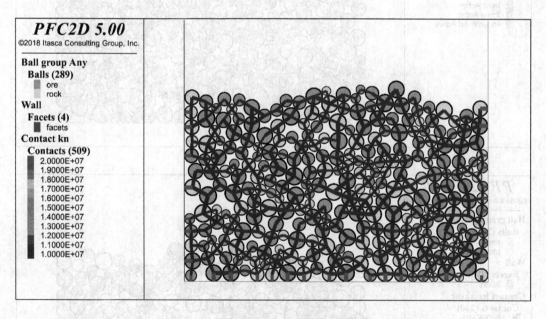

图 2-23 属性继承关闭时参数赋值对比

针对法向与切向刚度 kn、ks,由于在命令 cmat default 中将属性继承关闭,故颗粒间的实际接触刚度均由 cmat default 指定,即当属性继承关闭时命令 cmat 起作用。因此,在属性继承打开时,接触参数赋值优先级顺序为:ball property > cmat add > cmat default。

2.4.4.5 采用 cmat modify 修改接触属性

例 2-12 的目的是修改例 2-9 模拟产生的状态,即矿石和岩石颗粒在重力作用下沉降于模型底部,将岩石颗粒间的所有接触模型修改为平行黏结模型。图 2-24 为修改接触属性后模型的最终状态。

例 2-12　属性修改实例

restore cmat3
cmat modify 2 model linearpbond…;修改为平行黏结模型
　　　　method deformability emod 1e9 krat 2.0…
　　　　pb_deformability emod 1e9 krat 0.5…
　　　　property fric 0.6 dp_nratio 0.0…
　　　　pb_ten 5e8 pb_coh 5e8 pb_fa 40.0
cmat modify 1 model linearpbond…

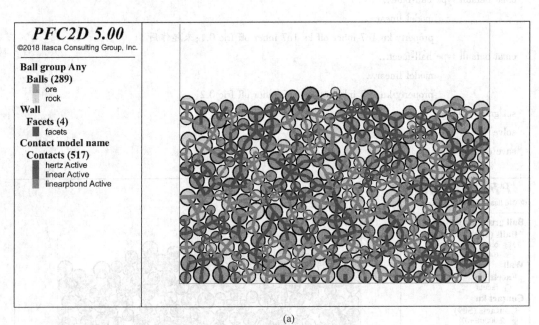

(a)

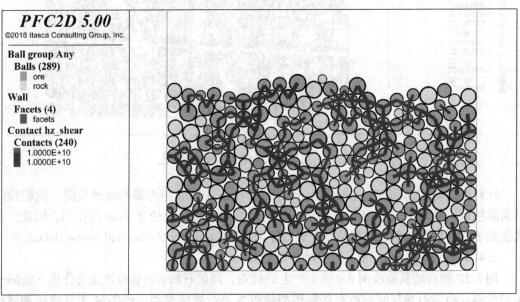

(b)

2.4 PFC 5.0 接触的定义方法

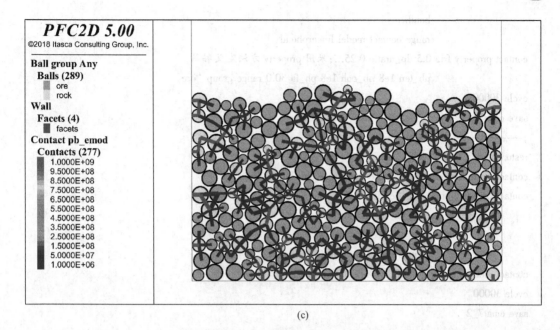

(c)

图 2-24 修改接触属性后模型的最终状态

(a) 修改后的模型属性；(b) 修改后的赫兹模型剪切参数 hz_shear；(c) 修改后的平行黏结模型参数 pb_emod

```
        method deformability emod 1e6 krat 3.0...
        pb_deformability emod 1e6 krat 0.5...
        property fric 0.3 dp_nratio 0.2...
        pb_ten 5e4 pb_coh 5e4 pb_fa 30.0
cmat apply range group 'rock'；利用 group 施加至岩石颗粒间的接触中
contact method bond
cycle 30000
save cmat6
```

例 2-12 运行结果表明：在默认 contact groupbehavior and 下，采用 cmat modify 修改 cmat add 定义的模型属性，仅能修改相应组内的接触，对于不同分组颗粒间采用 cmat default 定义的接触，仍保持为赫兹接触模型。因此，修改属性时应注意命令的适用对象及范围。

2.4.4.6 采用 contact 定义接触属性

命令 contact 与 cmat 的区别为：cmat 是每生成一个接触均会判断，contact 在有新接触后并不会更新，因此命令 contact 是一次性的。图 2-25 为例 2-13 中 contact 接触属性定义后模型的最终状态。

例 2-13 contact 属性定义实例

```
restore cmat3
contact model linearpbond range group 'ore' contact gap 0.0
contact method deformability emod 1e9 krat 0.3...；采用 method 方法定义模量
        pb_deformability emod 1e9 krat 0.3...
```

```
                        bond…
                        range contact model linearpbond
contact property fric 0.5 dp_nratio 0.25…;采用 property 方法定义黏结
                        pb_ten 1e8 pb_coh 1e8 pb_fa 30.0 range group 'ore'
cycle 30000
save cmat7_1

;------------------------------------------------------------------
restore cmat3
contact model linearpbond range contact type ball-ball
contact property kn 1e7 ks 1e7 fric 0.5…
                        pb_kn 1e7 pb_ks 1e7…
                        pb_ten 1e8 pb_coh 1e8…
                        range contact model linearpbond
contact method bond gap 0.0;控制接触激活的数目
cycle 30000
save cmat7_2

;------------------------------------------------------------------
restore cmat3
contact model linearpbond range contact type ball-ball
contact property kn 1e9 ks 1e9 fric 0.5…
                        pb_kn 1e9 pb_ks 1e9…
                        pb_ten 1e8 pb_coh 1e8…
                        range contact model linearpbond
contact method bond gap 1.0e-2;控制接触激活的数目
cycle 30000
save cmat7_3
```

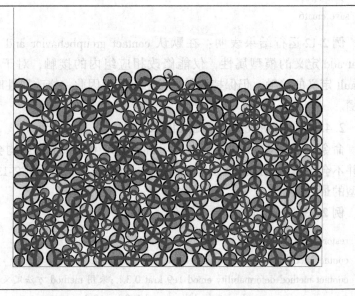

(a)

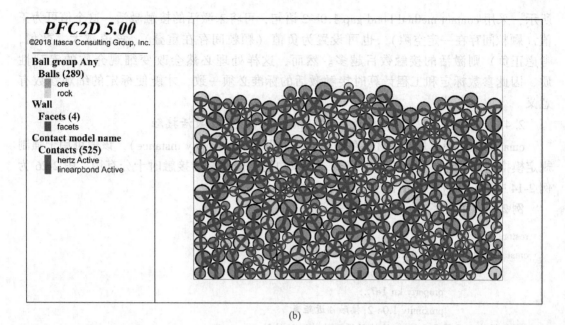

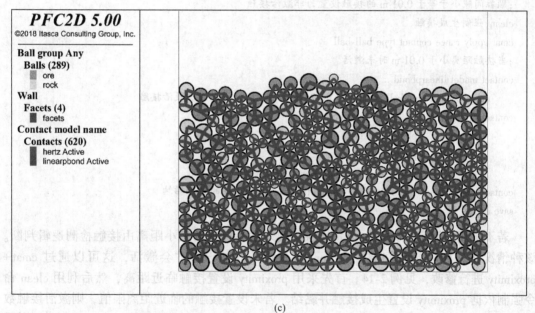

图 2-25 contact 接触属性定义后模型的最终状态

(a) cmat7_1（gap=0.0）；(b) cmat7_2（gap=0.0）；(c) cmat7_3（gap=0.01）

例 2-13 运行结果表明：如图 2-25（a）所示，当使用命令 contact 赋予接触模型接触参数后，若接触破坏或出现了新的接触，则该接触仍采用接触参数分配表指定属性，与命令 contact 指定无关。

contact 赋值仅针对激活接触，对于未激活接触可以通过 contact bond gap fff 命令进行激活，其中 fff 值越大，激活数目越多，相应材料宏观强度越大。如图 2-25（b）和（c）

所示，采用 contact method bond gap 1.0e-2 语句，可将未激活的接触激活，这个值可为正值（颗粒间存在一定空隙），也可设置为负值（颗粒间存在重叠），该值越大（数值，考虑正负）则激活的接触数目越多。然而，这样处理必然会改变细观介质的宏观性质，因此参数标定和工程计算时接触激活的标准必须一致，才能使标定的细观参数有意义。

2.4.4.7 通过指定接触临近距离（proximity）修改激活接触

cmat 的重要特点是指定材料存储槽的临近距离（proximity distance），该值可用于强制规定模拟过程中建立接触的最小距离，故该功能在修改激活接触时十分有用。图 2-26 为例 2-14 中 proximity 对激活接触的影响对比结果。

例 2-14 关键字 proximity 的使用实例

```
restore cmat3
cmat default type ball-ball…;默认接触类型
            model linearpbond…
            property kn 1e7…
            proximity 1.0e-2;接触临近距离
;颗粒间隙小于等于0.01 m 的接触设置为非激活接触
clean;强制生成接触
cmat apply range contact type ball-ball
;当接触距离小于0.01 m 时未激活
contact model linearpbond…
    range contact type ball-ball gap 1.0e-2;利用 proximity 设置间隙激活接触
contact property kn 1e7 ks 1e7 fric 0.5…
            pb_kn 1e7 pb_ks 1e7…
            pb_ten 1e8 pb_coh 1e8…
            range contact model linearpbond
contact method bond gap 1.0e-2;将 proximity+clean 强制生成的接触黏结
save cmat8
```

若不采用关键字 proximity 设置接触，则未激活接触的最小距离由接触检测逻辑判断。该种情况下，仅当接触间隙小于 contact bond gap 的设置才会激活，这可以通过 cmat+proximity 进行修改，见例 2-14。首先采用 proximity 设置接触临近距离，然后利用 clean 命令强制依据 proximity 设置生成接触并黏结。若未设置接触的临近距离限值，则激活接触数目为 520 个；若采用关键字 proximity 1.0e-2 进行设置，则激活接触数目为 637 个，即说明该值越大，则激活的接触数目越多。

注意：默认情况下，在 PFC 5.0 模型计算过程中，每一时间步均会基于公差范围进行接触判断，因此每个时间步均可能产生新的接触；但是，若利用命令 set detetion off（或者 set detetion false），将该开关关闭，则在计算步循环时不会创建新接触，也不会删除已有接触。

例 2-7～例 2-14 展示了 cmat 的主要功能，并强调了如下几点重要特性：

（1）cmat 指定在创建接触时应该赋予何种接触模型。默认情况下，PFC 5.0 赋予一个空模型，因此需要用户设置 cmat。

2.4 PFC 5.0 接触的定义方法

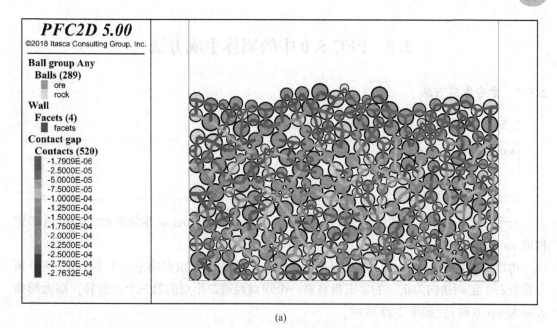

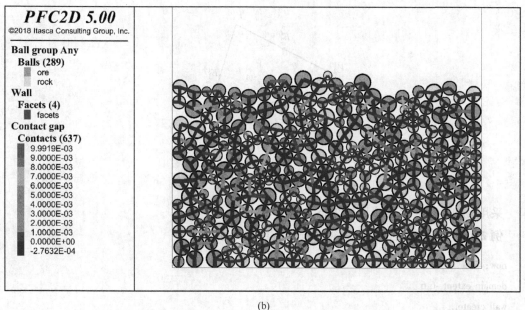

图 2-26 proximity 对激活接触的影响对比
(a) 未采用 proximity 设置;(b) 采用 proximity 设置

(2) cmat 包含添加接触类型的默认存储槽,也可包含添加范围的可选存储槽。该功能结合属性继承,共同为构建具有接触本构行为异构分布的模型提供了灵活性。

(3) cmat 可以修改并重新应用于所有或部分接触。但是,对 cmat 的任何更改可能会修改赋予新接触的接触模型。若只修改已有接触,建议优先使用命令 contact。

(4) 可以在 cmat 中使用关键字 proximity 指定创建接触的最小距离,该功能对于修改激活接触等十分有用,例如:确保在期望的距离内创建并修改接触。

2.5 PFC 5.0中的墙体生成方法

2.5.1 命令生成方法

2.5.1.1 采用命令wall create逐个生成墙体

```
wall create keyword...
    primary keywords:
        group | id | name | vertices
```

命令wall create可以利用group指定分组，id指定编号，name指定名称，vertices指定构成wall的点、面。

构成wall的所有顶点中（二维是两个顶点、三维是三个顶点确定一个facet），三个顶点符合右手定则指向为正（右手五指自第一个顶点经第二个点向第三个点旋转，则大拇指方向为top方向），如图2-27所示。

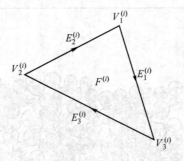

图2-27 空间中墙体的方向规定

采用wall create生成墙见例2-15和例2-16。

例2-15 已知顶点采用命令wall create生成实例

new ;二维情况

domain extent -6 6

wall create...

    group 'line'... ;指定组名

    id 1... ;编号

    name line1... ;指定名称

    vertices... ;每两个点构成一段二维facet，建议所有线段均顺时针或逆时针

    -3 -3...

    2 0

new ;三维情况

domain extent -6 6

wall create...

```
    group 'triange'...;指定分组
    id 1...;指定编号
    name triange...
    vertices...;每三个点构成一个三角形 facet,建议统一方向以便于加载控制
    -4 0 4...
    3 0 3...
    0 0 0
```

实例 2-16 为采用命令 wall create 构建一个不含底面的四棱锥,其顶点可由 x、y、z 数组与 center 变量确定,构成 wall 的 facet 顶点均调用变量值确定,因此生成 4 个 facet 并进行分组、命名,效果图如图 2-28 所示。

例 2-16 罗列顶点采用命令 wall create 生成实例

```
new
domain extent -15 15
[center=0.0]
[x=array.create(1,2)]
[y=array.create(1,2)]
[z=array.create(1,2)]
def vertices
    x(1,1)= -8.0
    x(1,2)= 8.0
    y(1,1)= -4.0
    y(1,2)= 4.0
    z(1,1)= -10.0
    z(1,2)= 10.0
end
@vertices
wall create...
    group 'wall1'...
    id 3...
    name quadrangular_pyramid...
    vertices...
        [center][center][center]...
        @x(1,1)@y(1,1)@z(1,1)...
        @x(1,2)@y(1,1)@z(1,1)...
        @center @center @center...
        @x(1,1)@y(1,1)@z(1,1)...
        @x(1,1)@y(1,2)@z(1,1)...
        @center @center @center...
        @x(1,2)@y(1,1)@z(1,1)...
```

```
    @x(1,2)@y(1,2)@z(1,1)...
    @center @center @center...
    @x(1,1)@y(1,2)@z(1,1)...
    @x(1,2)@y(1,2)@z(1,1)
save wall_create
return
```

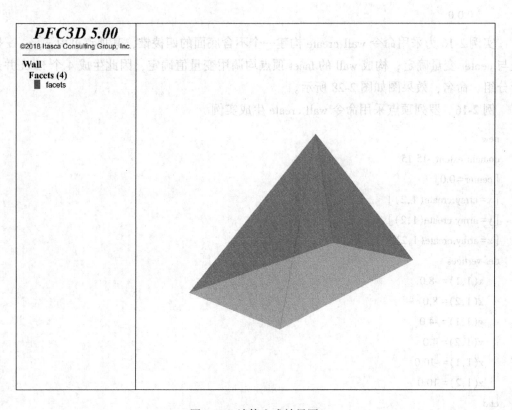

图 2-28 墙体生成效果图

例 2-16 可用于复杂空间曲面 (三角化) 墙体的创建,仅需把三角化的节点坐标写入一个数组,则每个三角形作为一个 facet 即可生成复杂曲面墙体。

2.5.1.2 采用命令 wall generate 生成规则形状的墙体

wall generate keyword...
primary keywords：
group | id | name | box | circle | cone | cylinder | disk | plane | point | polygon | sphere

PFC 5.0 中,针对矩形 (长方体)、圆、圆台、圆柱、圆盘、平面、点、多边形、球等规则的几何体,提供了直接生成的命令。规则几何墙体生成方法见例 2-17,效果图如图 2-29 所示。

例 2-17 规则几何墙体生成实例

```
new
```

2.5　PFC 5.0 中的墙体生成方法

```
domain extent -100 100
wall generate circle…;圆形 wall 只适用于二维情况
    position 0.0 0.0…;圆心坐标
    radius 1.0…;圆半径
    resolution 0.01;圆弧线精度,该值越小则 wall 划分的 facet 越多
;------------------------------------------------------------------------
new
domain extent -100 100
wall generate…;生成一个正方体墙
    group 'box'…;分组名称
box -5 5 -5 5 -5 5…;可以分别设置 x、y、z 方向的范围
expand 1.2;缩放系数,每面侧墙为独立的 wall,有单独的 wall 名称
;onewall 是将所有侧墙视作 wall 的一部分,不能与 expand 共用
;------------------------------------------------------------------------
new
domain extent -100 100
wall generate…;生成一个球状 wall
    group 'sphere'…;分组名称
    sphere position 5.0 0.0 -2.0…;球心位置
    radius 3.0…;球的半径
resolution 0.1;设置精度,该值越小则精度越高
;------------------------------------------------------------------------
new
domain extent -100 100
wall generate…;生成一个圆台 wall
    group 'cone'…
    cone…
        axis -1 0 1…;轴线矢量
        base 12 0 0…;圆台底的中心
        cap false false…;控制是否包含底面与顶面:false 为不包含,true 为包含
        height 10.0…;圆台的高
        onewall…
        radius 5.0 3.0…;底面、顶面的半径
    resolution 0.1;设置精度,该值越小则精度越高
;------------------------------------------------------------------------
new
domain extent -100 100
wall generate…;创建一个平面 wall
    group 'plane'…
    plane…
```

```
                    dip 15.0...  ;倾角
                    ddir 0.0...  ;倾向
                    position 0.0 0.0 15.0;面上一点的坐标
;------------------------------------------------------------
new
domain extent -100 100
wall generate...;创建一个圆柱wall
        group 'cylinder'...
        cylinder...
                axis 0 0 1...;圆柱的轴向,从原点指向该点的矢量
                base 0.0 0.0 0.0...;圆柱底面的圆心
                cap true true...;控制是否包含底面与顶面:false为不包含,true为包含
                height 50.0...;圆柱的高度
                onewall...;控制顶面是否与侧面一体
                radius 12.5...
                resolution 0.1
;------------------------------------------------------------
new
domain extent -100 100
wall generate...;创建一个多边形wall
        group 'polygon'...
        polygon...
                -1 -1 0...
                1 -1 0...
                2 1 1...
                2 2 2...
                1 2 1...
                -2 1 2...
                -2 0 1...
                makeplanar;强制将不共面的点共面
;------------------------------------------------------------
new
domain extent -100 100
wall generate...;创建一个圆盘wall
        group 'disk'...
        disk...
                dip 0.0...;倾角
                ddir 0.0...;倾向
                position -7.5 0.0 7.5...
                radius 2.0...
                resolution 0.25
```

2.5 PFC 5.0 中的墙体生成方法

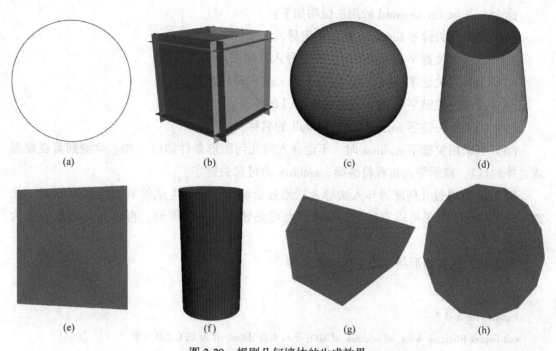

图 2-29 规则几何墙体的生成效果
(a) 二维圆 wall；(b) 长方体 wall；(c) 球状 wall；(d) 圆台 wall；
(e) 平面 wall；(f) 圆柱 wall；(g) 多边形 wall；(h) 圆盘 wall

2.5.2 几何图形导入法

对于形态各异的复杂实体，若能建立实体网格，则仅需构建其表面三角形网格或者利用实体网格确定包围实体的外表面三角形网格，形成点-边-三角面协同的几何图形，进而建立连续数值模型。可以采用如下流程，基于有限单元法、有限差分法等连续数值模拟方法建立的模型生成复杂墙体：

(1) 连续数值模型（三维）是将复杂的几何图形地质体，通过共用二维图元（二维问题为一维图元）划分为多个区域，然后对每个区域进行有限网格划分，赋予不同属性后模拟外力作用下的系统响应。

(2) 利用对已剖分网格的数值模型信息进行归类，得到节点信息和单元结构信息，包括节点与单元数目、节点坐标、单元结构形状以及由节点编号构成的单元索引信息等。

(3) 利用《颗粒流数值模拟技巧与实践》（石崇、徐卫亚著）介绍的几何图形索引特征与显示方法，搜索模型的外表面（可为颗粒、模型等）。

(4) 将搜索所得外表面书写为 PFC 5.0 可以识别的 .stl、.geom、.dxf 文件，再利用命令 wall import 导入几何图形，从而转化为复杂墙体。

上述墙体生成方法在构建不规则滑面和不规则颗粒形态等方面具有重要用途。

```
wall import keyword…<range>
    primary keywords：
        filename | geometry | group | id | name | nothrow
```

命令 wall import keyword 的用法说明如下：

（1）当采用关键字 filename 时，设定导入的文件名。

（2）当采用关键字 geometry 时，设置导入几何图形集的名称。

（3）当采用关键字 group 时，设置生成 wall 的分组名称。

（4）当采用关键字 id 时，设置生成 wall 的编号。

（5）当采用关键字 name 时，设置 wall 的名称。

（6）当采用关键字 nothrow 时，不论导入的几何图形条件如何（如：检测到落在模型域之外的点），指示导入过程将继续。nothrow 为可选关键字。

例 2-18 为通过几何图形导入法导入三维复杂墙体实例，生成效果如图 2-30 所示。注意：导入的几何图形可以直接变为 wall，也可先导入为几何图形，再将几何图形转化为 wall。

例 2-18 几何图形导入法生成墙体实例

new

domain extent -5 5

wall import filename dolos.stl nothrow id 100;导入文件 dolos.stl 为 PFC 5.0 自带

wall rotate axis 1 0 0 angle 90 point 0 0 0;旋转墙体

wall group dolos range set id 100;设置分组名称和编号

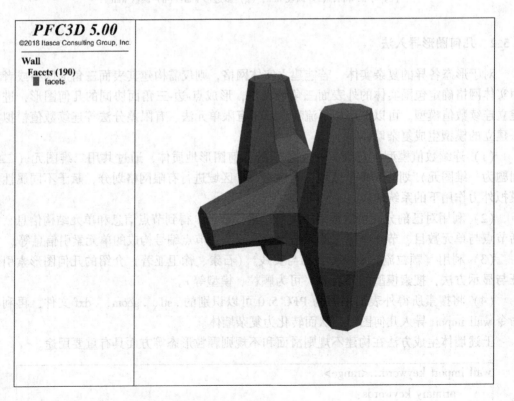

图 2-30 复杂墙体生成效果

2.6 PFC 5.0 中的颗粒生成方法

PFC 5.0 中，颗粒生成命令主要包括 ball/clump create、ball/clump generate、ball/clump distribute 三类命令。

2.6.1 规则排列颗粒生成法

规则排列颗粒生成法是采用 FISH 语言和（或）ball 命令编写生成每个颗粒空间具体位置的算法。这种阵列的初始接触力可以精确地预测，规则排列的颗粒组通常可以作为模型的边界使用，如边坡模型和放矿模型的边界等。

2.6.1.1 采用命令 ball create + keyword 方法生成

对于规则排列的颗粒，最简单的方法是采用命令 ball create，按照颗粒排列规则构建颗粒体系。例 2-19 为采用命令 ball create 生成规则排列颗粒的方法，生成效果如图 2-31 所示。

例 2-19 利用自定义函数构建规则排列颗粒（ball create 方法）实例

```
new
domain extent -200.0 200.0
define rhomboid
    ball_pos_x = 0.0 ;第一个颗粒的位置
```

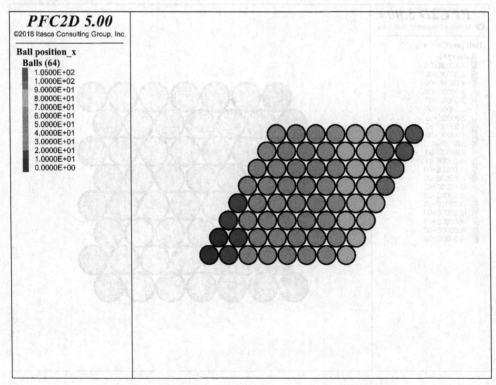

图 2-31 规则排列颗粒生成(ball create)效果

```
            ball_pos_y = 0.0
            ball_pos_x0 = ball_pos_x
            ball_radius = 5.0
            loop local i (1,8) ;行循环
                loop local j (1,8) ;列循环
                    ball_pos_vec = vector(ball_pos_x, ball_pos_y) ;球心坐标矢量
                    command ;命令法生成
                    ball create position [ball_pos_vec] radius [ball_radius]
                    endcommand
                    ball_pos_x = ball_pos_x + 2.0 * ball_radius
                endloop
                ball_pos_x = ball_pos_x0 + i * ball_radius
                ball_pos_y = ball_pos_y + 8.66
            endloop
        end
        @rhomboid
```

2.6.1.2 采用命令 ball generate + keyword 方法生成

采用命令 ball generate + keyword 方法生成的颗粒间无重叠，故颗粒间空隙率较大，一般需要借助外力对其进行密实处理。例 2-20 为采用命令 ball generate 生成规则排列颗粒的方法，生成效果如图 2-32 所示。

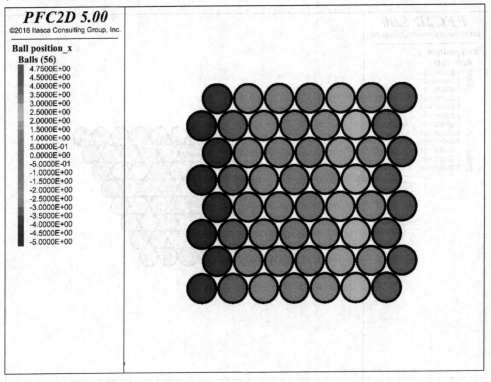

图 2-32 规则排列颗粒生成（ball generate）效果

2.6 PFC 5.0 中的颗粒生成方法

例 2-20 采用命令 ball generate 生成规则排列颗粒实例

```
new
domain extent -10.0 10.0
set random 1001 ;随机数种子固定,可以保证计算结果重复
ball generate...
       group 'hexagon'...
       radius 0.75 0.75...
       box -5.0 5.0 -5.0 5.0...
       hexagonal... ;颗粒呈六边形布置
       id 1...
       number 100...
       tries 10000
```

注意:关键字 cubic 和 hexagonal 均不能与关键字 gauss 共用;采用关键字 cubic 或 hexagonal 后,关键字 id、number 和 tries 均不再起作用,生成颗粒数目将被自动计算。

针对规则排列的颗粒,颗粒的位置与半径必须精确计算和设置。在固定的模型范围内,若颗粒不规则,往往无法准确生成,因此难以达到设计空隙率。另外,规则排列颗粒方法生成的颗粒在边界位置不做任何处理,只判断颗粒的圆心是否位于生成区域。

2.6.2 半径扩大法

半径扩大法是使用命令 ball generate 生成无重叠的小粒径颗粒集合体,然后扩大颗粒半径的颗粒生成方法。为了提高随机生成互不重叠颗粒的效率,一般可将粒径缩为原有粒径的 $1 \sim 1/2$,形成初始颗粒集合体。该方法需要明确填充范围的面积或体积,设计一定的空隙率(推荐二维 $0.15 \sim 0.20$,三维 $0.30 \sim 0.40$);然后,根据平均的颗粒半径估算颗粒数目。此处以二维实例说明这一过程:假设填充范围的面积为 S,设计颗粒的空隙率为 n,最小、最大颗粒半径分别为 R_{min} 和 R_{max},则生成颗粒数目 N 为:

$$N = \frac{4S(1-n)}{\pi(R_{min}+R_{max})^2} \tag{2-1}$$

此时,若直接采用颗粒半径 $[R_{min}, R_{max}]$ 随机生成颗粒,由于颗粒间的相互作用难以达到力学平衡,故在确定颗粒数目 N 后,可通过先缩小再扩大的方式实现平衡。若对颗粒半径 R_{min} 与 R_{max} 采用等比例缩放,并设缩放系数为 m(m 可取为一个较大数值),则:

$$\begin{cases} R_{min0} = R_{min}/m \\ R_{max0} = R_{max}/m \end{cases} \tag{2-2}$$

利用命令 ball generate 生成相应的颗粒数目后,再将颗粒半径逐步增大至设计值,具体实现过程参见例 2-21,生成效果如图 2-33 所示。

例 2-21 半径扩大法生成颗粒实例

```
new
domain extent -100 100 condition destroy
wall generate box -10 10 onewall
define comput_ball_number(area_t,poros,rmin,rmax)  ;利用面积、空隙率、最小和最大半径估算颗粒数目
```

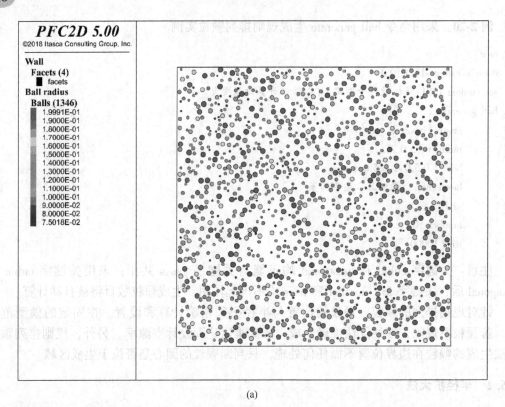

图 2-33 半径扩大法颗粒生成(ball generate)效果
(a)依据估算数目减小半径;(b)扩大半径至设计半径值

```
        ball_number=int(4*area_t*(1-poros)/math.pi/(rmin+rmax)/(rmin+rmax))
end
@comput_ball_number(400,0.20,0.15,0.40)
list @ball_number ;显示颗粒数目
[m=2] ;颗粒缩小为设计半径的1/m
ball generate radius [0.15/m][0.40/m] box -10 10 id 1 [ball_number] tries 10000
cmat default model linear property kn 1.0e7 ;默认接触参数
ball attribute density 2000 damp 0.1 ;设置密度与阻尼参数
define expand_particles(numcc) ;分numcc次逐步膨胀到位
    loop nn (1,numcc)
        command
            ball attribute radius multiply [m^(1.0/numcc)]
            cycle 1000 calm 10
        endcommand
    endloop
end
@expand_particles(3)
```

若颗粒刚度过大,容易造成颗粒溢出,此时可将颗粒半径一次扩大到位调整为多次逐步扩大,并适当降低接触刚度。

2.6.3 挤压排斥法

挤压排斥法是使用命令 ball distribute 在封闭区域内任何位置随机生成颗粒(有可能重叠量很大),并循环计算使颗粒相互排斥,然后填充满整个区域的颗粒生成方法。由于命令 ball distribute 允许颗粒间发生重叠,而当重叠部分过大时颗粒初始速度将会很大,故部分颗粒会出现"穿墙"现象。为了防止颗粒"穿墙",开始阶段需每隔一定时间步将动能清零(如:cycle 1000 calm 10),然后正常收敛至平衡状态。挤压排斥法颗粒生成实例参见例 2-22,颗粒生成效果如图 2-34 所示。

例 2-22 挤压排斥法颗粒生成实例

```
new
domain extent -10.0 10.0
set random 1001 ;随机数种子固定,能够保证计算结果可重复
cmat default model linear method deformability emod 1e7 kratio 1.5 property fric 0.1
wall generate box -6 6 onewall
ball distribute porosity 0.18 radius 0.4 0.8 box -6.0 6.0 ;按空隙率生成颗粒
ball attribute density 2000.0 damp 0.7
cycle 1000 calm 100 ;每隔100个时间步将动能清零一次
solve aratio 1e-5
```

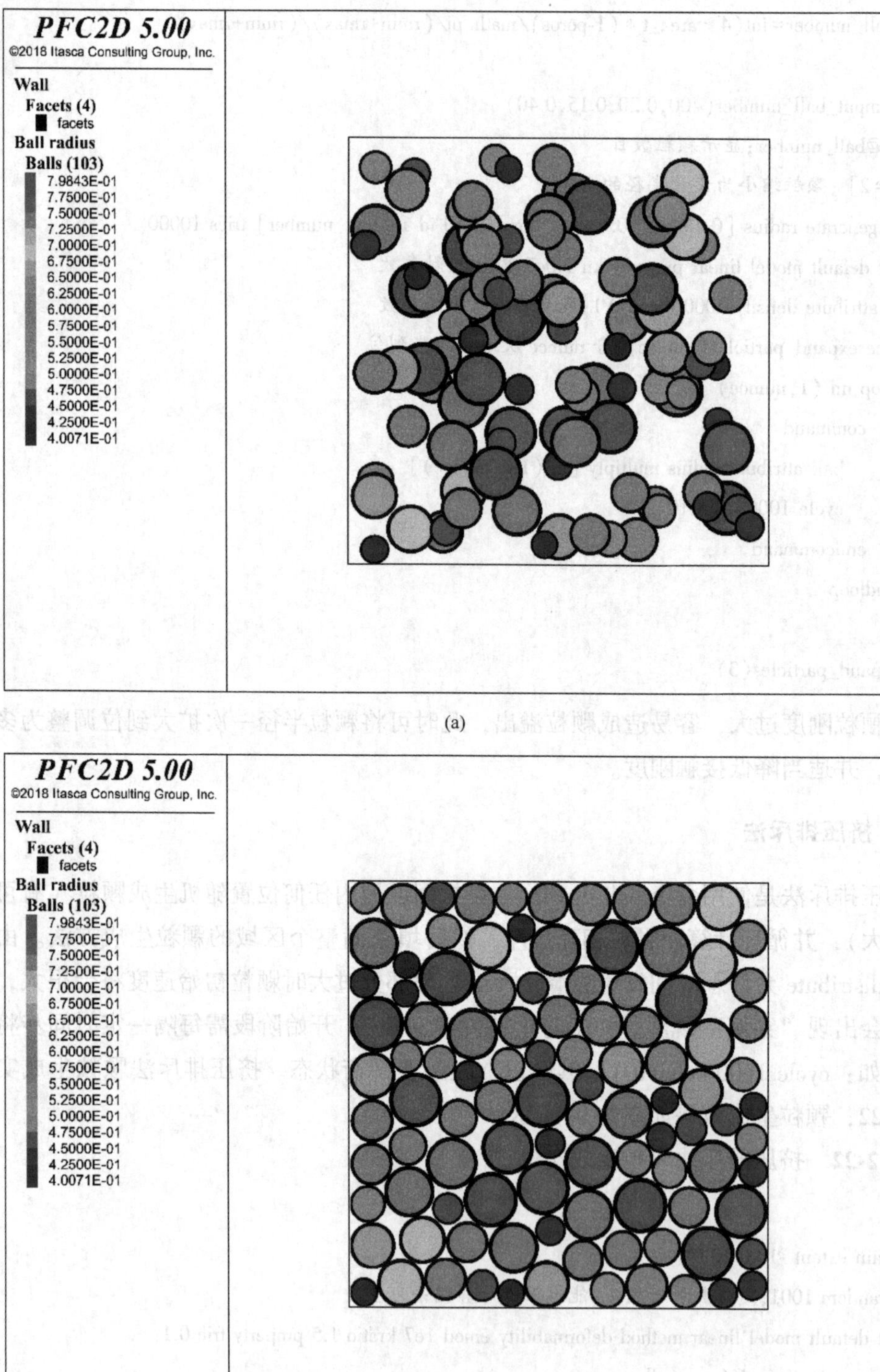

(a)

(b)

图 2-34 挤压排斥法颗粒生成（ball distribute）效果
（a）依据空隙率随机生成颗粒；（b）模型收敛至平衡状态

2.6 PFC 5.0 中的颗粒生成方法

注意：采用命令 ball distribute 生成的颗粒不判断重叠量，颗粒体系的空隙率仅通过颗粒面积或体积以及模型生成域的面积或体积进行计算。若采用两个 ball distribute 命令分别生成颗粒，则两个命令所生成的颗粒无关，不交叉判断所生成的颗粒体系是否满足设计空隙率。

2.6.4 自重下降法

自重下降法是使用命令 ball distribute/ball generate 生成颗粒，然后向颗粒施加重力，使其在自重作用下达到平衡状态。自重下降法常用于边坡工程、崩落法放矿等工程问题的模拟。自重下降法实现过程参见例 2-23，颗粒生成效果如图 2-35 所示。

例 2-23 自重下降法生成颗粒实例

```
new
set random 1001   ;随机数种子固定,能够保证计算结果可重复
domain extent -20 20 -20 20 0 60
cmat default type ball-ball…   ;球-球之间接触设置为滚动阻抗接触模型
            model rrlinear…
            property fric 0.6 rr_fric 0.6…
                    kn 1e8 dp_nratio 0.3
cmat default type ball-facet…   ;球-墙之间接触默认为线性接触模型
            model linear…
            property fric 0.5 kn 1e9 dp_nratio 0.3
```

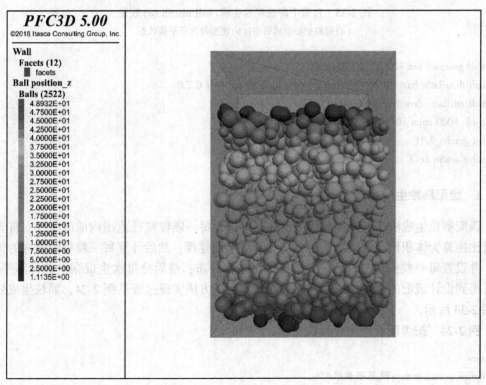

(a)

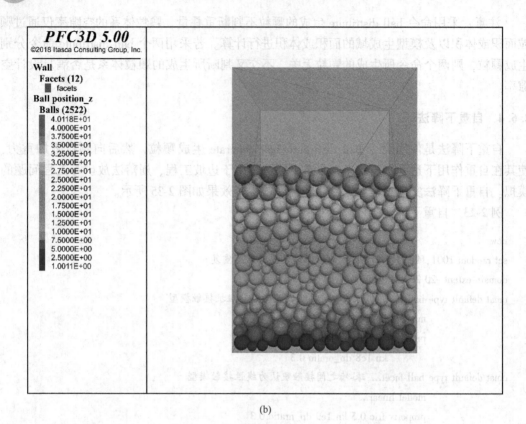

(b)

图 2-35　自重下降法颗粒生成(ball distribute)效果
(a)颗粒初始生成状态；(b)模型收敛至平衡状态

```
wall generate box -20 20 -20 20 0 60
ball distribute box -20 20 -20 20 0 50 porosity 0.50 radius 1.0 2.0
ball attribute density 3000.0 damp 0.15
cycle 1000 calm 10
set gravity 9.81
solve aratio 1e-3
```

2.6.5　级配颗粒生成法

级配颗粒生成法是已知颗粒级配曲线，即已知每一颗粒粒径范围内的质量比，首先将质量比换算为体积比，这样才能在 PFC 5.0 中实施建模；然后计算每一粒径范围内的体积比，并设置每一粒径范围内颗粒大小按一定规律分布；最后分批次生成颗粒并计算平衡，即可得到设计级配的颗粒堆积体系。级配颗粒生成方法实现过程见例 2-24，颗粒生成效果如图 2-36 所示。

例 2-24　按级配设计生成颗粒实例

```
new
define granulometry ;设置颗粒级配
    global exptab=table.create('experimental') ;定义一个名称为 experimental 的表
```

2.6 PFC 5.0中的颗粒生成方法

```
            table(exptab,0.025)=0.072 ;粒径小于0.025 m,体积分数设置为0.072
            table(exptab,0.04)=0.186 ;注意:是累计体积分数,下同
            table(exptab,0.05)=0.263
            table(exptab,0.06)=0.345
            table(exptab,0.075)=0.496
            table(exptab,0.10)=0.714
            table(exptab,0.12)=0.898
            table(exptab,0.15)=0.956
            table(exptab,0.18)=0.987
            table(exptab,0.25)=1.0 ;最后一个累计体积分数值必须为1.0
end
@granulometry ;运行函数;按照级配生成随机尺寸的颗粒
domain extent -1.0 1.0
fish create dmin=0.001 ;创建一个表示最小颗粒直径的变量
set random 1001
ball distribute box -0.8 0.8...
                porosity 0.38...
                numbin 10...
                bin 1...
                    radius [0.5 * dmin][0.5 * table.x(exptab,1)]... ;第一个级配半径范围
                    volumefraction [table.y(exptab,1)]... ;第一个级配体积分数
                bin 2...
                    radius [0.5 * table.x(exptab,1)][0.5 * table.x(exptab,2)]...
                    volumefraction [table.y(exptab,2)-table.y(exptab,1)]...
                bin 3...
                    radius [0.5 * table.x(exptab,2)][0.5 * table.x(exptab,3)]...
                    volumefraction [table.y(exptab,3)-table.y(exptab,2)]...
                bin 4...
                    radius [0.5 * table.x(exptab,3)][0.5 * table.x(exptab,4)]...
                    volumefraction [table.y(exptab,4)-table.y(exptab,3)]...
                bin 5...
                    radius [0.5 * table.x(exptab,4)][0.5 * table.x(exptab,5)]...
                    volumefraction [table.y(exptab,5)-table.y(exptab,4)]...
                bin 6...
                    radius [0.5 * table.x(exptab,5)][0.5 * table.x(exptab,6)]...
                    volumefraction [table.y(exptab,6)-table.y(exptab,5)]...
                bin 7...
                    radius [0.5 * table.x(exptab,6)][0.5 * table.x(exptab,7)]...
                    volumefraction [table.y(exptab,7)-table.y(exptab,6)]...
                bin 8...
                    radius [0.5 * table.x(exptab,7)][0.5 * table.x(exptab,8)]...
                    volumefraction [table.y(exptab,8)-table.y(exptab,7)]...
                bin 9...
```

```
        radius [0.5 * table.x(exptab,8)] [0.5 * table.x(exptab,9)]…
        volumefraction [table.y(exptab,9)-table.y(exptab,8)]…
    bin 10…
        radius [0.5 * table.x(exptab,9)] [0.5 * table.x(exptab,10)]…
        volumefraction [table.y(exptab,10)-table.y(exptab,9)] ;采用测量圆测定颗粒粒径分布
measure create id 1 radius 0.7 bins 100 @dmin [table.x(exptab,10)]
measure dump id 1 table 'numerical' ;第二个表
```

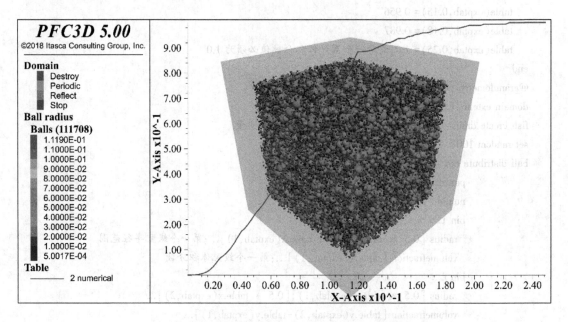

图 2-36　级配颗粒生成（ball distribute）效果

参照例 2-24，可以按照实际矿岩颗粒级配曲线将颗粒体系划分为多个组，然后随机生成，进而能够得到较为吻合实际粒径分布特征的矿岩颗粒堆积体系。

2.6.6　块体颗粒组装模型法

若用户希望将颗粒组装为规则的长方形或长方体等，并用这些规则块体如同搭积木一样快速组装成模型，则可以采用 brick 相关的命令 brick assemble、brick make、brick import、brick export、brick delete 等实现。

块体组装命令 brick assemble keyword <range>的用法介绍如下。

（1）采用关键字 id 时，指定块体编号；
（2）采用关键字 origin v 时，设置块体的中心位置；
（3）采用关键字 size ix iy iz 时，设置全局坐标系下块体的重复生成次数；
（4）采用关键字 group s <slot i>时，设置新生成块体的分组。

例 2-25 为采用块体颗粒组装模型方法生成颗粒实例：首先采用常规颗粒生成方法（半径扩大法、挤压排斥法等）构建颗粒块体，再使用 brick 相关命令快速构建大型颗粒体模型（边界需用 periodic 周期性边界，保证块体组装时恰好匹配），生成效果如图 2-37 所示。

例 2-25 采用块体颗粒组装模型方法生成颗粒实例

```
new
domain extent -2.0 2.0 condition periodic ;设置周期性边界条件
cmat default model linear property kn 1e6
set random 101
ball distribute porosity 0.1 radius 1.0 1.5 resolution 0.025 ;默认为 domain 区域,4 m * 4 m
ball attribute density 3000.0 damp 0.7
cycle 1000 calm 10
set timestep scale
solve ;计算平衡,使颗粒紧密接触
calm
brick make id 1 ;根据当前模型状态创建一个块体
brick export id 1 nothrow ;将块体输出为二进制文件,供后续使用
new ;重新清除内存
domain extent -4.0 4.0 -8.0 8.0 ;设置新的模型范围
brick import id 1 ;导入块体
brick assemble id 1 origin -4.0 -8.0 size 2 4 ;水平方向生成2个块体,垂直方向生成4个块体进行组装
```

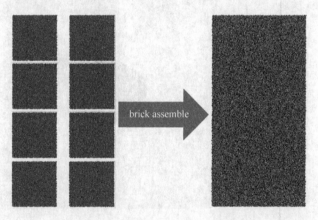

图 2-37 块体组装颗粒体模型生成效果

2.6.7 不规则刚性簇生成法

使用命令 clump 生成刚性簇,即通过一系列相互重叠的 pebble 形成复杂轮廓。对于柔性簇 cluster 的生成,首先使用命令 geometry 和 wall 生成不规则颗粒簇的外轮廓,再向墙内填充若干相互黏结的圆形/球形小颗粒,最后将墙体删去即可。不规则柔性簇生成方法详见第 6.3.1 节"基于不规则颗粒簇的放矿 PFC 模拟实例"。

2.6.7.1 采用命令 clump create + keyword 方法生成刚性簇

采用命令 clump create 可以逐个生成刚性簇,该方法需用户自行指定每个 pebble 的半径和圆心位置,共同形成一个耦合整体。例 2-26 为采用命令 clump create 生成单一刚性簇实例,刚性簇的惯性矩等运动参数是采用 PFC 5.0 自带的覆盖逼近法自动计算,生成效果如图 2-38 所示。

例 2-26 采用命令 clump create 生成单一刚性簇实例

```
new
domain extent -8.0 8.0
set random 101
clump create id 2…;指定刚性簇的编号
            density 3500.0…;指定刚性簇的密度
            pebbles 3 2.0 -2.0 0 0…;设定刚性簇由 3 个 pebble 构成
                    3.0 0 0 0…;第二个 pebble 的圆盘半径和圆心坐标 x、y、z
                    2.0 2.0 0 2…;第三个 pebble 的圆盘半径和圆心坐标 x、y、z
            calculate 0.01…;自动计算运动参量,计算精度为 0.01
group single_clump slot 1 ;分组并分配存储槽
```

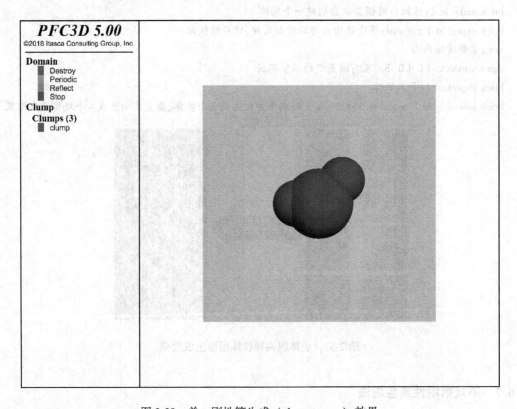

图 2-38　单一刚性簇生成（clump create）效果

2.6.7.2　采用命令 clump template 和 clump generate 方法生成若干刚性簇

采用命令 clump template 和 clump generate 生成若干刚性簇的方法描述如下：

（1）绘制不规则几何体形状，创建 PFC 5.0 可识别的.stl、.geom 或.dxf 文件格式；

（2）采用命令 geometry import 导入几何体模型；

（3）按照多个几何图形集分别创建 clump 模板（template）；

（4）基于 clump 模板，采用命令 clump generate（或 clump distribute）生成若干刚性簇。

2.6 PFC 5.0 中的颗粒生成方法

采用命令 clump template 和 clump generate 方法生成若干刚性簇见例 2-27，生成效果如图 2-39 所示。

例 2-27 采用命令 clump template 和 clump generate 生成若干刚性簇实例

```
new
domain extent -10.0 10.0
set random 1001
cmat default model linear property kn 1.0e6 ks 8.0e5 dp_nratio 0.25 fric 0.5
[rad=0.5]
[vc=(4.0/3.0) * math.pi * (rad)^3]   ;球的体积
[moic=(2.0/5.0) * vc * rad^2]   ;球的惯性矩
clump template create name single…   ;创建第一个名称为 single 的模板
            pebbles 1…
            @rad 0 0 0…
            volume @vc…
            inertia @moic @moic @moic 0 0 0
clump template create name dyad…   ;创建第二个名称为 dyad 的模板
            pebbles 2…
            @rad [-rad * 0.5] 0 0…
            @rad [rad * 0.5] 0 0…
            pebcalculate 0.005
geometry import dolos.stl   ;导入文件 dolos.stl 为 PFC 5.0 自带
clump template create name dolos…   ;创建第三个名称为 dolos 的模板，采用几何图形导入
            geometry dolos…
            bubblepack distance 120…   ;0~180 控制表面
                  ratio 0.3…   ;最小/最大 pebble 半径
                  surfcalculate   ;计算表面
wall generate box -5.0 5.0 onewall
clump generate diameter size 1.5 number 50…   ;diameter 采用体积等效
            box -5.0 5.0 -5.0 5.0 -5.0 0.0…   ;定义生成范围
            group bottom   ;指定分组名 bottom
clump generate diameter size 1.5 number 25…
            box -5.0 5.0 -5.0 5.0 0.0 5.0…
            templates 2…   ;使用的模板数目为 2
            dyad 0.3 dolos 0.7…   ;模板名称及其体积分数
            azimuth 45.0 45.0…   ;绕 z 轴旋转
            tilt 90.0 90.0…   ;绕 x 轴旋转
            elevation 45.0 45.0…   ;绕 y 轴旋转
            group top1   ;指定分组名 top1
clump generate diameter size 1.5 number 25…
            box -5.0 5.0 -5.0 5.0 0.0 5.0…
            templates 2…
            dyad 0.7 dolos 0.3…
```

```
              azimuth -45.0 -45.0...
              tilt 90.0 90.0...
              elevation 45.0 45.0...
              group top2   ;指定分组名 top2
clump attribute density 200.0
set gravity 10.0
solve aratio 1e-4
save multi_clumps
return
```

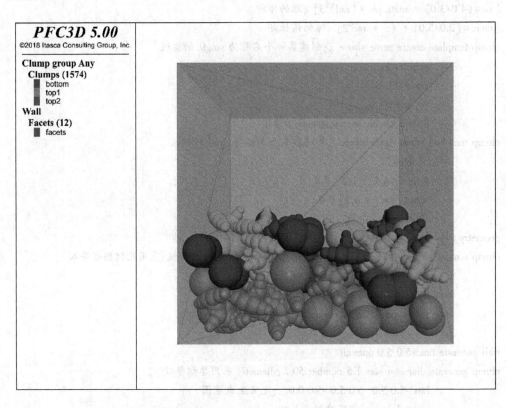

图 2-39　若干刚性簇生成（clump template 和 clump generate）效果

另外，采用命令 clump template 和 clump distribute 也可以生成刚性簇，其生成过程与例 2-27 类似，故本书不再举例说明。有关命令 clump distribute 的用法说明详见第 2.2.2 节"PFC 5.0 的颗粒相关命令"。

习　题

2-1　PFC 5.0 的常用术语有哪些？
2-2　简述 PFC 5.0 建模的主要流程。
2-3　简述球体 ball、墙体 wall、接触 contact 三者之间的关系。

习 题

2-4 简述命令 ball create、ball generate 与 ball distribute 的区别与联系。

2-5 简述命令 ball property 与 ball attribute 的区别与联系。

2-6 PFC 5.0 中的接触模型和接触类型各有哪几种？

2-7 PFC 5.0 接触的定义方法有哪些？

2-8 PFC 5.0 中的墙体生成方法有哪些？请简述其中一种。

2-9 PFC 5.0 中的颗粒生成方法有哪些，分别可以应用于哪些采矿过程的颗粒流模拟？

2-10 解释如下命令的功能：

(1) ball history id 3 yposition id 5

(2) domain extent -3.0 3.0 -2.0 2.0 -5.0 5.0 condition destroy destroy periodic

(3) solve fishhalt @mining；mining 为一函数名

(4) cycle 1000 calm 20

3 PFC 5.0 的 FISH 语言

FISH 语言是熟练使用 PFC 5.0 解决复杂采矿工程问题的重要工具，也是迈向采矿过程颗粒流高级应用的重要阶梯。针对 PFC 5.0 的 FISH 语言，本章分别介绍四个方面的内容：FISH 语言基本规则、FISH 声明语句、FISH 内嵌函数以及 FISH 语言编程实例。

3.1 FISH 语言基本规则

FISH 是随依泰斯卡公司 ITASCA 数值分析全系列软件发布的二次开发环境，FISH 最先随 FLAC 系列程序一同发布，因此其名称起源于"FLAC-ISH"的缩写。FISH 语言是内置于 PFC 5.0 软件内的一种编程语言，基于此用户可以定义新的变量和函数，这些函数可扩展 PFC 的功能或者增加用户自定义特征，如：输出或者打印特殊定义的变量、实现复杂形状的颗粒生成、数值试验中的伺服控制、定义特殊的颗粒分布以及宏细观参数匹配研究等。

PFC 5.0 中已内置一些简单、但非常实用的 FISH 函数作为库文件，这些 FISH 函数一方面方便了没有编程经验的用户编写一些简单 FISH 函数，另一方面也能使用户在这些简单函数基础上做进一步改进。与其他编程语言一样，FISH 语言也能够编写非常复杂的程序。就所有编程任务而言，FISH 语言的功能应以增量方式构建，在移至更复杂代码之前应注意检查操作的正确性。

FISH 函数可以调用其他函数，这些函数又可以调用其他函数，等等。函数定义的顺序并不重要，但必须在使用前定义。由于 FISH 函数的编译存储于 PFC 5.0 的内存空间，命令 save 可以保存函数以及相关变量的当前值。

3.1.1 FISH 语言指令行

FISH 程序可包含在 PFC 5.0 数据文件中或者直接从键盘键入。命令行"define"后接有效程序行（默认为 FISH 函数声明），且在关键字"end"后结束。

例 3-1 FISH 函数结构示例与实例

```
define function-name   ;定义函数名
……                    ;函数语句
end                    ;函数结束的标志


define mining
    bb=10
    aa=bb + 10
end
```

FISH 的有效程序行必须是如下格式中的一种：
(1) 指令行以语句开始，如 if、loop 等。
(2) 指令行包含一个或多个用户自定义 FISH 函数名，以空格号隔开。
(3) 指令行包含赋值语句。例如：等号右边的数学式被运算且其赋值于等号左边的函数名称或者变量。
(4) 指令行内含有 PFC 命令，需要通过"command-endcommand"将相关命令包含在 FISH 指令之内。
(5) 空行，或者以分号（;）开始。

FISH 函数、变量在使用时必须全部拼写，不能像 PFC 命令一样采用截断、缩写的方式。不允许出现连续的命令行，即不同指令写在同一行内。指令行后采用三个点"…"可进行续行。FISH 函数、变量中的大写与小写字母之间没有区别，所有名称均会转化为小写字母。与 Fortran 等编程语言不同，PFC 5.0 中的空白常用于分隔变量、关键字等。FISH 程序中允许含有空白行，而在 FISH 函数或变量名内不允许嵌入空格。另外，分号";"后的任意字符均被忽略，仅作为注释使用。

3.1.2 FISH 函数与变量命名

PFC 5.0 的 FISH 函数或变量值共包含如下 11 种数据类型。
(1) 整型（integer）：处于 $-2147483648 \sim +2147483647$ 范围内的准确数字。
(2) 布尔型（boolean）：真（true）或假（false）。
(3) 浮点型（float）：精度为 15 位小数的实数，取值范围为 $10^{-300} \sim 10^{300}$。
(4) 字符串型（string）：任何可打印的符号集合体，字符串可有任意长度，但在输出时可能被截断。PFC 5.0 中的字符串包含在单引号内，例如：'Mining Engineering'。
(5) 指针型（pointer）：机器地址，用来循环调用一个列表数据或对目标进行标记。除了空（Null）指针外，其余指针具有与其所指向目标相关联的形式。
(6) 矢量（vector）：二维或三维矢量，数据为浮点型。
(7) 数组（array）：具有指定维度的 FISH 变量集合。
(8) 矩阵（matrix）：具有特定维度的数值变量集合。
(9) 张量（tensor）：用来表示在向量、纯量和其他张量之间线性关系的多线性函数，张量中各数量对称分布。
(10) 映射型变量（map）：一个字符串与数值之间的关联数组，其使用类似于数组，但是通过有序方式存储 FISH 变量。映射型变量的长度可以动态变化，取值可以是整数，也可以是字符，FISH 内变量 ball.list、wall.list 等均属于该种类型。
(11) 结构体（Structure）：结构体可包括不同类型的复合 FISH 变量。

FISH 变量的类型可以依据被设置的表达式类型而动态改变，同时在定义这些函数或变量名称时应当遵循以下规则：
(1) 函数或变量的命名规则。例 3-1 中，定义名为 mining 的函数，函数中的 aa 和 bb 即为"变量"，函数和变量是 FISH 语言中非常基本和重要的两个对象。
1) 函数或变量名必须以非数字开始，并且不能包含符号：. , * / + - ^ = < > # ( ) [ ] @ ; " ' ~ %。

2) 函数或变量名不区分大、小写字母，且名称可为任何长度。但是，由于行的长度限制，在打印或输出标题时会被截断。一般而言，用户可以任意取名，只要与 FISH 参数或者预先定义的函数或变量不同即可，还应避免与 PFC 内嵌函数名互相重复。另外，若函数或变量名没有被赋值，则默认为 0。

3) 用户定义变量可以标识布尔型、单精度数字、字符串、数组、矩阵、张量、结构体、矢量或者指针型。

（2）函数或变量的适用范围。默认情况下，变量和函数名可在全局范围内被识别，若变量和函数名被有效的 FISH 声明提及，则此后全局范围内的 PFC 命令和 FISH 代码中均能被识别。例如，PFC 命令中使用 "@" 或者 "inline FISH" 代替变量，当采用 "list fish" 命令时，变量会出现在变量列表中。若使用局部标识符（local、argument）声明变量，则该变量被视作函数内部变量，一旦函数执行完毕即不可用。若不指定变量适用范围，则默认为全局变量；若变量自动创建功能被关闭（命令 set fish autocreate），则所有全局变量必须用关键字 "global" 声明。一个全局变量可以在 FISH 函数内赋值，并在另一个函数或者 PFC 命令中调用。所有全局变量的值由保存命令 save 保存，并可由还原命令 restore 导入内存。

3.1.3 FISH 变量定义与赋值方法

FISH 变量定义与赋值主要三种方法有：
（1）通过 FISH 命令定义变量；
（2）在中括号内定义变量；
（3）在自定义函数体内定义变量，再利用命令 set 赋值。

例 3-2 变量的定义与赋值说明实例 1

```
new
fish create a=1;(1)通过 FISH 命令定义变量 a
[m=5]
[b=4+6];(2)在中括号内定义变量 b 和 c
[c=a+b]
def sum
    n=3.6 * m
    e=a+b * c+d;(3)在自定义函数体内定义变量 e
end
set @d=4;(3)利用命令 set 对变量 d 赋值
@sum;采用"@"调用函数
[sum];采用"[ ]"调用函数
list @n @a @b @c @d @e;list 后仅能采用"@"调用变量
```

例 3-2 中，在函数执行时，sum 的值将会改变。变量 d 为函数内部计算的变量，而 a、b、c 为已经存在的变量，一般需要指定才可用于函数计算，若未指定则默认为 0（整数）。另外，可以给函数名指定值，但这并不是必需的。

例 3-3 变量的定义与赋值说明实例 2

```
def func
    aa = 10;aa 为全局变量
    bb = aa + 10
end
list @aa @bb
;aa = 0;此处为 aa、bb 的输出结果
;bb = 0
@func
list @aa @bb
;aa = 10;此处为 aa、bb 的输出结果
;bb = 20
```

例 3-3 中，若函数 func 未被调用，则函数体内定义的变量 aa 和 bb 值为默认值 0；若函数 func 被调用，则变量 aa 和 bb 分别被赋值 10 和 20。

另外，FISH 函数也可以重新定义。如果在 define 命令行中出现了与已有函数相同的名称，则原函数首先被删除（显示警告信息），并以新函数替代。注意：（1）函数被重新定义后，原函数中所使用的变量依然存在，仅指令被删除。（2）原函数被其他同名函数替代，所有调用将被新函数替代，包括函数回调。若运行参数数目发生改变，可能会出现运行错误。

3.1.4　FISH 函数与 PFC 命令的相互作用

通常，FISH 指令与 PFC 命令分别操作，FISH 声明不能像 PFC 命令一样给出，PFC 命令也不能像 FISH 程序一样运行。但是，有多种方法可以使 FISH 函数与 PFC 命令相互作用，最常见的有如下几种方法。

（1）直接使用函数：用户在命令行输入 FISH 符号（函数或变量），典型用途包括：生成几何体、设置指定材料属性、初始化应力场等。

例 3-4　直接使用函数实例

```
@create_ball(3);create_ball( ) 为一函数
ball create id @ballid radius [ballrad]
```

例 3-4 中，使用 PFC 命令中嵌入 FISH 符号这种方式，可为用户进行基本参数尝试节省大量时间，但使用时必须在该符号前面加"@"或者采用中括号"[ ]"将其包含在内。注意：中括号"[ ]"可以用来划定命令中作为内联的 FISH 代码，但内联 FISH 在每次试图评价内联符号时均需解析和执行。因此，当命令作为整体处理或者多次出现时，可能会带来副作用和计算效率问题。

（2）使用历程记录变量：当函数用作记录命令 history 的参数时，FISH 函数会在数值模拟过程中，每隔一定时间步（迭代步）执行一次。

例 3-5　使用历程记录变量实例

```
history nstep 1000;指定记录历史值的时步间隔
history id 1 @his_1;使用命令 history 记录变量 his_1
```

（3）使用函数控制运行：由于 FISH 函数可以发布 PFC 命令，类似于数据文件控制模式，函数也可以用来驱动 PFC。由于命令参数可以通过函数修改，故 FISH 函数控制操作的功能十分强大。

例 3-6 使用函数控制运行实例

```
ball create id 1 x 0.0 y 0.0 z 0.0 rad 1.5
def func
    command
    ball attribute density 1000 range id 1
    cycle 3000
    ……
    endcommand
end
@func
```

例 3-6 中，FISH 函数使用方法是控制 PFC 命令流，即 PFC 命令被置于函数内部的"command-endcommand"之间。

（4）计算步执行中自动运行：若 FISH 函数采用通用的回调功能，则在每个计算步循环函数自动运行或者在某个特殊事件发生时运行。命令 set fish callback 可以用于控制 FISH 函数特定回调事件。计算循环由一系列按照特定顺序执行的操作组成，每个操作均与一个浮点数循环点（cycle point）相关联。FISH 保留的循环点及循环操作见表 3-1。

表 3-1 FISH 保留的循环点及循环操作

循环点	循环操作
-10.0	验证数据结构的有效性
0.0	确定稳定的时间步长
10.0	形成运动方程或热力学更新
15.0	不同过程间的体内耦合
20.0	确定时间增量
30.0	更新空间搜索的数据结构
35.0	创建/删除接触
40.0	力-位移计算或热接触更新
42.0	确定数目的累积值
45.0	过程间的接触耦合
60.0	第二次运行运动方程（PFC 中不使用）
70.0	热力学计算（PFC 中不使用）
80.0	流体计算（PFC 中不使用）

不允许干扰计算循环,例如:在计算时间步长时删除一个球,则程序会崩溃。因此,循环点是被保留的,用户不允许在这些循环点将 FISH 函数添加至回调事件。出于类似原因,用户不允许在循环点 40.0(力-位移计算)和 42.0(数目累积值确定)之间进行干扰,并且只允许在循环点 0.0(时间步长评估)之前创建和删除模型组元,如:球、刚性簇、墙等。除了上述限制之外,用户可以通过在自定义的循环点(如:循环点 10.1、10.15、10.3 等)注册要执行的 FISH 函数,从而对模型进行操作。根据循环点调用函数见例 3-7,周期性生成球的效果如图 3-1 所示。

例 3-7 根据循环点调用函数实例

```
new
set random 1001
domain extent -5 5
cmat default model linear property kn 1.0e6 dp_nratio 0.5
wall generate box -3 3
set gravity 0.0 0.0 -10.0
define add_ball ;以给定的频率在模型中插入球
    local tcurrent = mech.age
        if tcurrent < tnext then
        exit
        endif
    tnext = tcurrent + freq
    local xvel = (math.random.uniform - 0.5) * 2.0
    local yvel = (math.random.uniform - 0.5) * 2.0
    local bp = ball.create(0.5, vector(0.0,0.0,2.75))
    ball.vel(bp) = vector(xvel,yvel,-2.0)
    ball.density(bp) = 2500.0
    ball.damp(bp) = 0.1
end
[freq = 0.25] ;设置插入球的频率
[time_start = mech.age]
[tnext = time_start]
set fish callback -11.0 @add_ball ;将函数 add_ball 与循环点 11.0 相关联
solve time 10.0
save intermediate
solve time 10.0
set fish callback -11.0 remove @add_ball ;移除函数 add_ball 与循环点 11.0 的关联
solve
save callbacks1
return
```

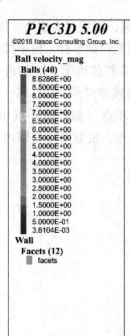
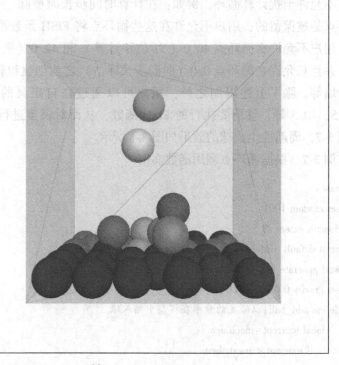

(a)

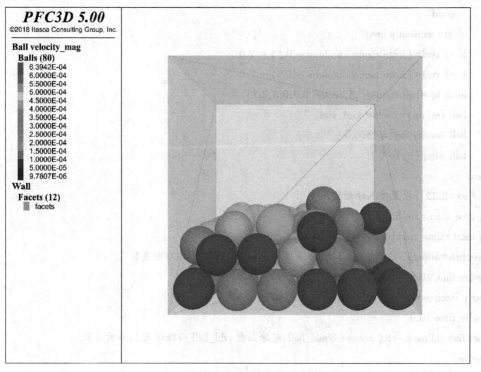

(b)

图 3-1 周期性生成球的效果
(a) 颗粒生成过程；(b) 模型运行至平衡状态

例 3-7 展示了周期性地将球插入模型的过程，其中使用 FISH 函数 add_ball 以给定的频率（0.25 s/个）生成球。在验证数据结构之前，在循环点-11.0 注册函数 add_ball；当该函数在每个循环中被执行时，将根据下一次插入时间检查当前时刻以决定是否生成一个球。注意：FISH 函数可能在同一循环点上关联两次或多次，由于采用关键字 remove 每次仅能移除一次运行，故这种情况下该函数必须调用两次或多次。

很多情况下，FISH 函数没有必要在每一个迭代步时均运行，因此 FISH 中还提供了一种根据事件注册函数运行的方法，只有当特殊事件发生时才会调用函数。可用于事件激活的调用函数见表 3-2。根据不同事件调用函数见例 3-8，不同事件调用函数的模型最终状态如图 3-2 所示。

表 3-2 命名的 FISH 回调事件

事件类型	事件名称	传递的参数
接触类型	contact_activated	FISH 数组，指定的接触模型
接触类型	slip_change	FISH 数组，指定的接触模型
接触类型	bond_break	FISH 数组，指定的接触模型
创建/删除	contact_create	接触的指针
创建/删除	contact_delete	接触的指针
创建/删除	ball_create	球的指针
创建/删除	ball_delete	球的指针
创建/删除	clump_create	刚性簇的指针
创建/删除	clump_delete	刚性簇的指针
创建/删除	wall_create	墙的指针
创建/删除	wall_delete	墙的指针
创建/删除	ballthermal_create	热力学球的指针
创建/删除	ballthermal_delete	热力学球的指针
创建/删除	clumpthermal_create	热力学簇的指针
创建/删除	clumpthermal_delete	热力学簇的指针
创建/删除	wallthermal_create	热力学墙的指针
创建/删除	wallthermal_delete	热力学墙的指针
创建/删除	ballcfd_create	流体球的指针
创建/删除	ballcfd_delete	流体球的指针
创建/删除	clumpcfd_create	流体簇的指针
创建/删除	clumpcfd_delete	流体簇的指针

续表 3-2

事件类型	事件名称	传递的参数
求解	cfd_before_send	无参数传递
求解	cfd_after_received	无参数传递
求解	cfd_before_update	无参数传递
求解	cfd_after_update	无参数传递
求解	solve_complete	无参数传递

例 3-8 根据不同事件调用函数实例

```
restore callbacks1
[todelete=map()]
define delete_balls ;定义一个删除球的函数
    loop foreach key map.keys(todelete)
        local ball=map.remove(todelete,key)
        ball.delete(ball)
    endloop
end
set fish callback -12.0 @delete_balls ;将函数 delete_balls 与循环点 12.0 相关联
set gravity 10.0 0.0 0.0 ;将重力方向设置为 x 轴正方向
save sink_initial
define catch_contacts(cp) ;通过 contact_create 事件注册一个函数
    if type.pointer(cp) # 'ball-facet' then
        exit
    endif
    wfp=contact.end2(cp)
    if wall.id(wall.facet.wall(wfp))# 2 then
        exit
    endif
    map.add(todelete,ball.id(contact.end1(cp)),contact.end1(cp))
end
set fish callback contact_create @catch_contacts ;将函数 catch_contacts 与事件 contact_create 相关联
solve time 6.0
save sink_final1
restore sink_initial
define catch_contacts(arr) ;通过 contact_activated 事件注册一个函数
    local cp=arr(1)
    if type.pointer(cp) # 'ball-facet' then
        exit
    endif
    local wfp=contact.end2(cp)
```

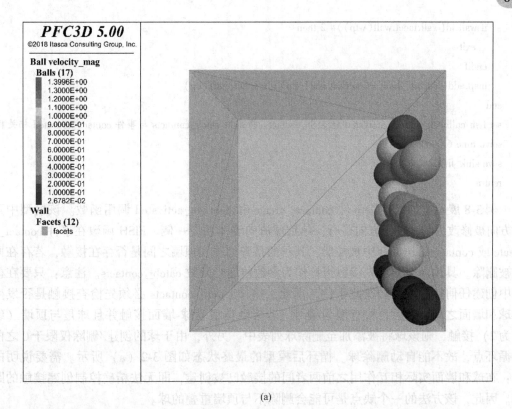

图 3-2 不同事件调用函数的模型最终状态图
(a)模型最终状态(事件 contact_create 调用函数);(b)模型最终状态(事件 contact_activated 调用函数)

```
    if wall.id(wall.facet.wall(wfp))#2 then
        exit
    endif
    map.add(todelete,ball.id(contact.end1(cp)),contact.end1(cp))
end
set fish callback contact_activated @catch_contacts;将函数 catch_contacts 与事件 contact_activated 相关联
solve time 6.0
save sink_final2
return
```

例 3-8 展示了如何使用事件 contact_create 和 contact_activated 调用函数。该模型中重力方向被修改为与 x 轴正方向平行，导致球流向墙体相应一侧。FISH 函数在事件 contact_create 或 contact_activated 中被注册，其目的是查询球和顶墙之间是否存在接触，若存在则球被删除。具体而言，首先接触指针作为参数传递给函数 catch_contacts。注意：只要在模型中创建任何接触均会触发此事件。因此，事件 catch_contacts 必须先检查接触是否发生在球和墙面之间，然后再检查墙面编号。若接触类型为球-墙面接触并且球是与顶墙（编号为2）接触，则该球将被添加至删除球列表中。另外，由于球的创建/删除仅限于0之前的循环点，故不能自动删除球。循环后模型的最终状态如图 3-2（a）所示。需要说明的是：在球和墙面实际相互作用之前两者间的接触已被创建，即无法精确控制创建接触的距离。因此，该方法的一个缺点是可能会删除不与顶墙重叠的球。

克服上述缺点的方法是使用由线性接触模型定义的事件 contact_activated 注册 FISH 函数。该方法中传递给函数 catch_contacts 的参数是一个包含线性接触指针的 FISH 数组。由于线性接触模型的事件 contact_activated 是在接触激活时触发，故仅当球与顶墙实际发生重叠时才会被删除。循环后模型的最终状态如图 3-2（b）所示。

3.2 FISH 声明语句

在不少实际工程问题中，有许多程序需要执行具有指示说明性、控制性或者重复性的操作，如 array、define、end、case、endcase、if、else、endif 等，这类操作即为语句。FISH 语言中的语句可以分为：指示说明语句、控制语句和 PFC 命令执行语句。其中，指示说明语句主要包括：Araay 语句和 Whilestepping 语句；控制语句主要包括：函数语句、选择语句、条件语句、循环语句和跳转语句，而其中的选择语句、条件语句和循环语句又称为逻辑语句。

3.2.1 变量声明语句

FISH 内可以用 local、global、argument 指定变量的作用范围。

例 3-9 全局与局部变量说明实例

```
define abc
    global aa;全局变量
    local bb=2.0;局部变量
```

argument cc；局部变量
end

例 3-9 中，aa 为全局变量，在函数 abc 内部和外部均适用；bb 为局部变量，仅在函数 abc 内部可用，赋值为 2.0；cc 也为局部变量，但其与 local 定义的区别是不能在变量声明时赋初值。

在使用 FISH 函数时，list（显示变量）、set（变量赋值）、history（变量记录）是经常用到的三个命令。

3.2.2 选择语句

选择语句的语法结构如下：

```
caseof expr
    ;··········default code here
case i1;case = i1 情况下
    ;··········case i1 code here
case i2;case = i2 情况下
    ;··········case i2 code here
case i3;case = i3 情况下
    ;··········case i3 code here
endcase
```

选择语句类似于 Fortran 中的 goto 语句或者 C 语言中的 switch 语句，可以通过 expr 表达式的值快速选择需要执行的代码。

caseof 后的 expr 对象可以是任何有效的数学表达式，经过计算后转化为整型数据；词条 i1、i2 等则必须是 0~255 的整型，不能为符号。若 expr 等于 i1，则系统会自动跳到 case i1 后语句执行，直至遇到下一条 case 语句系统才会至 endcase 完成执行任务。

例 3-10 选择语句用法实例

```
define if_test(input_num)
  nn = input_num
  caseof nn
  case 1;case = 1 的情况下
    nn = 11
  case 2;case = 2 的情况下
    nn = 22
  endcase
end
@if_test(1)
list @nn;通过 list 显示值
;nn = 11;输出结果
```

3.2.3 条件语句

条件语句的语法结构如下：

```
if expr1 test expr2 then
    ;          default code here
else if
    ;..........case i1 code here
else if
    ;..........case i2 code here
else
    ;..........case i3 code here
endif
```

条件语句是所有计算机语言中较为常见的语句。在该语句中，通常 else 为可选项，then 可以省略不写；条件语句内部可继续嵌套条件语句。其中，test 可采用如下比较运算符：=（等于）、#（不等于）、>（大于）、<（小于）、>=（大于等于）、<=（小于等于）。expr1 与 epr2 为单一变量或计算表达式。

例 3-11　条件语句用法实例

```
define if_test(input_num)
    nn = input_num
    if nn < 0 ;当 nn<0 时取值-1
        nn = -1
    else if nn = 0 ;当 nn=0 时取值 0
        nn = 0
    else ;当 nn>0 时取值 1
        nn = 1
    endif
end
@if_test(-30)
list @nn ;通过 list 显示值
;nn=-1;输出结果
```

3.2.4　循环语句

FISH 语言中的循环语句主要包含如下三种形式。

3.2.4.1　形式一

```
loop <local> var（expr1, expr2）
    …
endloop
```

其中，var 为循环变量，expr1 与 expr2 为循环变量表达式。这种形式中，采用整数变量 var 计数，var 采用 expr1 算式赋予初值，每一循环结束后 var 值自动增加 1，直至 var 的值达到或超过 expr2 的值。

local 声明为可选项，表明所创建的 var 为函数内部的局部变量，expr1 和 expr2 可以为任意的算术表达式，在循环开始即进行计算，因此在循环内部重新定义构成 expr1 和 expr2 的变量不会影响循环执行。var 是一个单独整型变量，可用于循环内部表达式计算，也可用于循环内的函数调用（若是全局变量，也可用于循环外部的调用），甚至可以重新定义。

例 3-12　循环语句"形式一"用法实例

```
new
define sum;内部变量同时也是函数名,循环递推调用时需要注意
    count=0;定义一个函数
    sum=0;函数初值
loop aaa (1,60);循环语句
    count=count + aaa;正常运行
    if aaa >=30 then;循环跳出条件
        exit loop
    endif;正常运行语句
    count=count-1
endloop;循环结束
    sum=count
end
list @sum;通过 list 显示值
;sum=436;输出结果
```

3.2.4.2　形式二

```
loop while expr1 test expr2
    …
endloop
```

采用 loop 循环结构，只要验证条件为"真"，则结构体内的指令会不断执行，否则控制将跳转到 endloop，进行下一循环。同一个自定义 FISH 函数中 loop 结构可多重嵌套。

例 3-13　循环语句"形式二"用法实例

```
new
define sum_even(n);定义一个偶数求和的函数
    local s=0
    local i=0
    loop while i<=n;验证条件是否为真
        s=s+ i
        i=i +2
    endloop;循环结束
    sum_even=s
end
[s2=sum_even(10)]
list @s2;通过 list 显示值
;s2=30;输出结果
```

3.2.4.3　形式三

```
loop foreach <local> var expr1
    …
```

endloop

loop foreach 这种形式专门用于 map 变量语法结构，允许循环针对给定范围内的目标（球、接触、簇等）进行迭代循环。这种情况下，expr 必须返回一个指向列表的指针值或某个对象容纳箱。例如：用户定义的标量列表可以通过 FISH 内变量 user.scalar.list 提取。与第一种形式一致，变量 var 可采用 local 局部声明以说明创建的是局部变量而非全局变量，var 将被分配列表中目标的指针。若循环处理过程中删除变量 var，则其后的循环中，在调用该删除的变量之前 loop 循环仍然继续运行。若容纳箱内的其他条目被删除，可能会导致循环过早退出。

处于 loop 和 endloop 之间的程序指令行循环执行，直至满足某种条件退出。所有循环可以任意层次地嵌套，循环内部可采用 exit loop 声明语句控制跳出循环或继续运行。另外，continue 声明可用于终止处理当前循环进入下一循环中。

例 3-14 循环语句"形式三"用法实例

```
new
domain extent -10.0 10.0
ball gen radius 0.5 box -5 5 num 20
define ball_loop ;定义一个函数统计模型内的球数目
    global nballs = 0
    loop foreach local b ball.list ;针对模型内所有球进行迭代循环
        nballs = nballs + 1
    endloop
end
@ball_loop
list @nballs ;通过 list 显示值
;nballs = 20 ;输出结果
```

3.3 FISH 内嵌函数

PFC 5.0 内部设置了许多变量值，这些数据是基于球 ball、刚性簇 clump 和接触 contact 等。若能随时调取上述信息，一方面可以进行二次开发，另一方面能够增强对数据的处理能力，设置与修改内部变量。FISH 内嵌函数主要包括常用命令特性函数、碎块与几何图形控制函数和实体内变量函数，下面分别做以下汇总。

3.3.1 常用命令特性函数

常用命令特性函数见表 3-3~表 3-22。

表 3-3 数组特性函数

函数名称	功能描述
array.command(ARR_PNT)	运行数组中的命令

3.3 FISH 内嵌函数

续表 3-3

函数名称	功能描述
array.convert(MAT_PNT/TEN_PNT)	将一个矩阵或张量转换为一个数组
array.copy(ARR_PNT)	复制一个数组
array.create(INT<, NUM>)	创建一个数组
array.delete(ARR_PNT)	删除一个数组
array.dim(ARR_PNT)	获取数组维度
array.size(ARR_PNT, INT)	获取数组维度的大小

表 3-4 张量/矢量分量提取函数

函数名称	功能描述
comp(VEC/MAT_PNT/TEN_PNT, INT<, INT>)	获取/设置矢量/张量分量
comp.x(VEC)	获取/设置矢量的 x 分量
comp.xx(TEN_PNT)	获取/设置张量的 xx 分量
comp.xy(TEN_PNT)	获取/设置张量的 xy 分量
comp.xz(TEN_PNT)	获取/设置张量的 xz 分量
comp.y(VEC)	获取/设置矢量的 y 分量
comp.yy(TEN_PNT)	获取/设置张量的 yy 分量
comp.yz(TEN_PNT)	获取/设置张量的 yz 分量
comp.z(VEC)	获取/设置矢量的 z 分量
comp.zz(TEN_PNT)	获取/设置张量的 zz 分量

表 3-5 变量构造函数

函数名称	功能描述
boolean(BOOL/NUM/PNT)	创建一个布尔值
false	创建一个假布尔值
float(BOOL/NUM/STR)	创建一个浮点值
index(NUM/STR)	创建一个正整数
int(BOOL/NUM/STR)	创建一个整数
null	创建一个空指针
true	创建一个真布尔值
vector(ARR_PNT/MAT_PNT/NUM<, NUM><, NUM>)	创建一个向量

表 3-6　文件操作函数

函数名称	功能描述
file.close(<FILE_PNT>)	关闭一个文件
file.open(STR, INT, INT)	打开一个读/写文件
file.open.pointer(STR, INT, INT)	打开一个读/写文件
file.pos(<FILE_PNT>)	获取/设置当前位置的字节
file.read(ARR_PNT/STR, INT<, FILE_PNT/ARR_PNT> <, INT><, INT>)	读取文件内容
file.write(ARR_PNT/STR, INT<, FILE_PNT/ARR_PNT> <, INT><, INT>)	将数据写入文件

表 3-7　标准输入输出对话函数

函数名称	功能描述
io.dlg.in(STR, STR)	输入字符串的对话框
io.dlg.message(STR, STR, INT)	制作一个消息对话框
io.dlg.notify(INT, INT, STR)	通用事件通知
io.in(STR)	要求用户输入
io.input(STR)	获取输入
io.out(ANY)	输出字符串

表 3-8　列表函数

函数名称	功能描述
list.find(LIST, INT/STR)	在列表中查找一个元素
list.size(LIST)	获取列表大小

表 3-9　邮件管理函数

函数名称	功能描述
mail.attachment.add(STR)	添加附件
mail.attachment.delete(STR)	删除附件
mail.clear	清除邮件
mail.recipient.add(STR, STR)	添加一个收件人
mail.recipient.delete(STR, STR)	删除一个收件人

续表 3-9

函数名称	功能描述
mail.send	发送当前邮件
mail.set.account(STR)	设置外发邮件账户
mail.set.body(BOOL, STR)	设置邮件正文
mail.set.domain(STR)	设置发件人的邮件账户域名
mail.set.host(STR)	设置服务器名称
mail.set.password(STR)	指定邮件密码
mail.set.subject(STR)	设置主题行文本

表 3-10 映射变量（map）操作函数

函数名称	功能描述
map(NUM/STR, ANY<, NUM/STR/ANY>)	创建一个图形变量
map.add(MAP, NUM/STR, ANY)	向图变量中增加一个值
map.has(MAP, NUM/STR)	查询图变量中是否包含一个键值
map.keys(MAP)	获取图的键值链表
map.remove(MAP, NUM/STR)	删除图中的一个键值
map.size(MAP)	获取图的尺寸
map.value(MAP, NUM/STR)	提取图变量中的一个值

表 3-11 数学函数

函数名称	功能描述
math.aangle.to.euler(VEC)	通过轴角获取欧拉角值
math.abs(NUM)	获取绝对值
math.acos(NUM)	获取反余弦函数值
math.and(INT, INT)	位逻辑"和"操作
math.asin(NUM)	获取反正弦函数值
math.atan(NUM)	获取反正切函数值
math.atan2(NUM, NUM)	获取反正切函数（A/B 格式）值
math.ceiling(NUM)	获取进位取整值
math.cos(NUM)	获取余弦函数值

续表 3-11

函数名称	功能描述
math.cosh(NUM)	获取双曲余弦函数值
math.cross(VEC, VEC)	获取两个矢量的叉乘
math.ddir.from.normal(VEC)	获取矢量的倾角方向
math.degrad	将角度转换为弧度
math.dip.from.normal(VEC)	获取矢量的倾角
math.dot(VEC, VEC)	获取向量的点乘
math.euler.to.aangle(VEC)	从欧拉角获取轴角
math.exp(NUM)	获取指数函数值
math.floor(NUM)	获取退位取整值
math.ln(NUM)	获取自然对数函数值
math.log(NUM)	获取以 10 为底的对数函数值
math.lshift(INT, INT)	左移一点
math.mag(VEC)	获取向量大小
math.mag2(VEC)	获取向量平方大小
math.max(NUM, NUM<, NUM>)	获取最大值
math.min(NUM, NUM<, NUM>)	获取最小值
math.normal.from.dip(FLT)	获取二维平面的法向量
math.normal.from.dip.ddir(FLT, FLT)	获取三维平面的法向量
math.not(INT, INT)	位逻辑"不"操作
math.or(INT, INT)	位逻辑"或"操作
math.outer.product(MAT_PNT/VEC, MAT_PNT/VEC)	获取矩阵或向量的外积
math.pi	获取圆周率
math.random.gauss	获取高斯随机数
math.random.uniform	获取均匀随机数
math.round(NUM)	获取四舍五入后的整数值
math.rshift(INT, INT)	右移一点
math.sgn(NUM)	获取正负标志值（-1 或 1）
math.sin(NUM)	获取正弦函数值
math.sinh(NUM)	获取双曲正弦函数值

3.3 FISH 内嵌函数

续表 3-11

函数名称	功能描述
math.sqrt(NUM)	获取平方根值
math.tan(NUM)	获取正切函数值
math.tanh(NUM)	获取双曲正切函数值
math.unit(VEC)	获取单位向量

表 3-12 矩阵操作函数

函数名称	功能描述
matrix(ARR_PNT/VEC/TEN_PNT/INT<，INT>)	创建一个矩阵
matrix.cols(MAT_PNT)	获取矩阵的列数
matrix.det(MAT_PNT/TEN_PNT)	获取行列式的值
matrix.from.aangle(VEC)	通过轴角度得到旋转矩阵
matrix.from.euler(VEC)	通过欧拉角得到旋转矩阵
matrix.identity(INT)	获取一个标识矩阵
matrix.inverse(ARR_PNT/MAT_PNT/TEN_PNT)	获取逆矩阵
matrix.lubksb(ARR_PNT/MAT_PNT/TEN_PNT，ARR_PNT)	通过向后代入法 LU 分解
matrix.ludcmp(ARR_PNT/MAT_PNT/TEN_PNT，ARR_PNT)	LU 分解矩阵
matrix.rows(MAT_PNT)	获取矩阵的行数
matrix.to.aangle(MAT_PNT)	将旋转矩阵转换为轴角
matrix.to.euler(MAT_PNT)	将旋转矩阵转换为欧拉角
matrix.transpose(MAT_PNT)	矩阵转置

表 3-13 内存处理函数

函数名称	功能描述
memory(MEM_PNT)	获取/设置内存块中的值
memory.create(INT)	创建一个内存块
memory.delete(INT，MEM_PNT)	删除一个内存块

表 3-14 套接字处理函数

函数名称	功能描述
socket.close(SOCK_PNT/INT)	关闭套接字上的通信

续表 3-14

函数名称	功能描述
socket.create	创建一个套接字
socket.delete(SOCK_PNT)	删除一个套接字
socket.open(INT/STR, SOCK_PNT/INT<, INT><, INT>)	在一个套接字上打开通信
socket.read(ARR_PNT, INT, SOCK_PNT/INT<, INT>)	通过套接字读取 FISH 变量
socket.read.array(ARR_PNT, SOCK_PNT/INT)	通过套接字将 FISH 变量读入数组
socket.write(ARR_PNT, INT, SOCK_PNT/INT)	通过套接字写入 FISH 变量
socket.write.array(ARR_PNT, SOCK_PNT/INT)	通过套接字从数组中写入 FISH 变量

表 3-15 字符串处理函数

函数名称	功能描述
string(ANY<, INT><, STR><, INT><, STR>)	创建一个字符串
string.build(STR<, STR>)	连接字符串集合
string.char(STR, INT)	从字符串中获取一个字符
string.len(STR)	获取字符串长度
string.sub(STR, INT<, INT>)	获取一个子字符串
string.token(STR, INT)	在给定位置获取项目
string.token.type(STR, INT)	在给定位置获取字符类型
string.tolower(STR)	获取一个小写的字符串
string.toupper(STR)	获取一个大写的字符串

表 3-16 结构体处理函数

函数名称	功能描述
struct.check(STRUC_PNT, STRUC_PNT)	检查结构是否为同一类型
struct.name(STRUC_PNT)	获取一个结构的名称

表 3-17 张量处理函数

函数名称	功能描述
tensor(MAT_PNT/ARR_PNT/VEC/NUM<, NUM><, NUM><, NUM><, NUM><, NUM>)	创建一个张量
tensor.i2(TEN_PNT)	获取第二应力不变量

3.3 FISH 内嵌函数

续表 3-17

函数名称	功能描述
tensor.j2(TEN_PNT)	获取第二偏应力不变量
tensor.prin(TEN_PNT<, ARR_PNT>)	获取张量主值
tensor.prin.from(VEC, ARR_PNT)	从主轴中获取张量
tensor.total(TEN_PNT)	获取张量测度
tensor.trace(TEN_PNT)	获取张量的迹

表 3-18 时间处理函数

函数名称	功能描述
time.clock(<INT>)	从代码启动时获取百分之一秒的数
time.cpu	获取 CPU 时间
time.real	获取当前日期

表 3-19 指针类型处理函数

函数名称	功能描述
type(ANY)	获取类型
type.index(PNT)	获取类型索引
type.pointer(PNT)	获取指针的类型名称
type.pointer.id(PNT)	获取指针的编号
type.pointer.name(PNT)	获取指针的名称

表 3-20 软件版本查询函数

函数名称	功能描述
code.debug	获取代码调试状态
code.name	获取代码名称
version.code.major	获取代码的主要版本
version.code.minor	获取代码的次要版本
version.fish.major	获取 FISH 的主要版本
version.fish.minor	获取 FISH 的次要版本

表 3-21 求解过程控制函数

函数名称	功能描述
mech.age	获取累计的时间
mech.cycle	获取当前的步骤/周期数
mech.energy(STR)	获取机械能（参考设定的能量命令）
mech.safety.factor	获取安全因子
mech.solve(STR)	获取当前的计算极限值
mech.step	获取当前的步骤/周期数
mech.timestep	获取机械时间步长
mech.timestep.given	获取给定的时间步长
mech.timestep.max	获取允许的最大时间步长

表 3-22 块体组装控制

函数名称	功能描述
brick.assemble(BR_PNT, VEC<, INT><, INT><, INT>)	复制一个块体
brick.delete(BR_PNT)	删除一个块体
brick.find(INT)	查找一个块体
brick.id(BR_PNT)	获取块体的编号
brick.list	获取全局列表
brick.maxid	获取块体的最大编号
brick.mum	获取块体的总数目
brick.typeid	获取块体的类型编号

3.3.2 碎块与几何图形控制函数

碎块与几何图形控制函数见表 3-23~表 3-30。

表 3-23 碎块控制函数

函数名称	功能描述
fragment.bodymap(FG_PNT<, INT>)	获取碎块的主体
fragment.bodynum(FG_PNT<, INT>)	获取碎块主体的数目
fragment.catalog	获取碎块的目录
fragment.catalog.num(<flt>)	获取碎块的目录号

续表 3-23

函数名称	功能描述
fragment.childmap(FG_PNT)	获取子碎块的编号
fragment.find(INT)	查找一个碎块
fragment.history(BODY_PNT)	获取碎块主体历史
fragment.id(FG_PNT)	获取碎块的编号
fragment.index(BODY_PNT<,INT>)	获取碎块主体的编号
fragment.map(<INT>)	获取碎块的图集
fragment.num(INT)	获取碎块的总数目
fragment.parent(FG_PNT)	获取母碎块的编号
fragment.pos(FG_PNT<,INT>)	获取碎块的位置
fragment.pos.x(FG_PNT)	获取碎块位置的 x 坐标
fragment.pos.y(FG_PNT)	获取碎块位置的 y 坐标
fragment.pos.z(FG_PNT)（3D only）	获取碎块位置的 z 坐标
fragment.pos.catalog(FG_PNT,INT<,INT>)	获取某一状态的碎块位置
fragment.pos.catalog.x(FG_PNT,INT)	获取某一状态碎块位置的 x 坐标
fragment.pos.catalog.y(FG_PNT,INT)	获取某一状态碎块位置的 y 坐标
fragment.pos.catalog.z(FG_PNT,INT)（3D only）	获取某一状态碎块位置的 z 坐标
fragment.vol(FG_PNT<,INT>)	获取碎块的体积

表 3-24 几何图形控制函数

函数名称	功能描述
geom.edge.create(GSET_PNT, INT/GN_PNT, INT/GN_PNT<,INT>)	创建一条边
geom.edge.delete(GSET_PNT, GE_PNT)	删除一条边
geom.edge.dir(GE_PNT<,INT>)	获取边的方向
geom.edge.dir.x(GE_PNT)	获取边方向的 x 坐标
geom.edge.dir.y(GE_PNT)	获取边方向的 y 坐标
geom.edge.dir.z(GE_PNT)（3D only）	获取边方向的 z 坐标
geom.edge.extra(GE_PNT, INT)	获取/设置边的额外变量
geom.edge.find(GSET_PNT, INT)	查找一条边

续表 3-24

函数名称	功能描述
geom.edge.group(GE_PNT<, INT>)	获取/设置边的分组
geom.edge.group.remove(GE_PNT, STR)	删除边的分组
geom.edge.id(GE_PNT)	获取边的编号
geom.edge.isgroup(GE_PNT, STR<, INT>)	查询边的分组是否存在
geom.edge.list(GSET_PNT)	获取边的列表
geom.edge.near(GSET_PNT, VEC<, FLT>)	找到距离某一节点最近的边
geom.edge.next.edge(GE_PNT, INT)	获取连接一个节点的边
geom.edge.next.index(GE_PNT, INT)	获取连接一个节点的边的索引
geom.edge.node(GE_PNT, INT)	获取一个边的节点
geom.edge.node.pos(GE_PNT, INT<, INT>)	获取/设置节点位置
geom.edge.node.pos.x(GE_PNT, INT)	获取/设置节点位置的 x 坐标
geom.edge.node.pos.y(GE_PNT, INT)	获取/设置节点位置的 y 坐标
geom.edge.node.pos.z(GE_PNT, INT)（3D only）	获取/设置节点位置的 z 坐标
geom.edge.pos(GE_PNT<, INT>)	获取边的位置
geom.edge.pos.x(GE_PNT)	获取边位置的 x 坐标
geom.edge.pos.y(GE_PNT)	获取边位置的 y 坐标
geom.edge.pos.z(GE_PNT)（3D only）	获取边位置的 z 坐标
geom.edge.start.index(GE_PNT)	连接边的第一个多边形的索引
geom.edge.start.poly(GE_PNT)	获取连接边的第一个多边形
geom.edge.typeid	获取边的类型编号
geom.node.create(GSET_PNT, VEC<, INT>)	创建一个节点
geom.node.delete(GSET_PNT, GN_PNT)	删除一个节点
geom.node.extra(GN_PNT, INT)	获取/设置节点的额外参数
geom.node.find(GN_PNT, INT)	查找一个节点
geom.node.group(GN_PNT<, INT>)	获取/设置节点的分组
geom.node.group.remove(GN_PNT, STR)	删除节点的分组
geom.node.id(GN_PNT)	获取节点的编号
geom.node.isgroup(GN_PNT, STR<, INT>)	查询节点的分组是否存在

续表 3-24

函数名称	功能描述
geom.node.list(GSET_PNT)	获取节点的列表
geom.node.near(GSET_PNT, VEC<, FLT>)	找到距离一个点最近的节点
geom.node.pos(GN_PNT<INT>)	获取/设置节点的位置
geom.node.pos.x(GN_PNT)	获取/设置节点位置的 x 坐标
geom.node.pos.y(GN_PNT)	获取/设置节点位置的 y 坐标
geom.node.pos.z(GN_PNT)（3D only）	获取/设置节点位置的 z 坐标
geom.node.start.edge(GN_PNT)	获取连接一个节点的第一条边
geom.node.start.index(GN_PNT)	连接节点的第一条边的索引
geom.node.typeid	获取节点的类型编号
geom.poly.add.edge(GPOL_PNT, GE_PNT)	添加一条边到多边形
geom.poly.add.node(GSET_PNT, GPOL_PNT<, GN_PNT><, VEC><, INT>)	通过添加节点的方式添加一条边
geom.poly.area(GPOL_PNT)	获取多边形的面积
geom.poly.check(GPOL_PNT)	获取多边形的有效状态
geom.poly.close(GSET_PNT, GPOL_PNT)	闭合一个多边形
geom.poly.create(GSET_PNT<, INT>)	创建一个多边形
geom.poly.delete(GSET_PNT, GPOL_PNT)	删除一个多边形
geom.poly.edge(GPOL_PNT, INT)	获取一个多边形的边
geom.poly.extra(GPOL_PNT, INT)	获取/设置多边形的额外参数
geom.poly.find(GSET_PNT, INT)	查找一个多边形
geom.poly.group(GPOL_PNT<, INT>)	获取/设置多边形的分组
geom.poly.group.remove(GPOL_PNT, STR)	删除多边形的分组
geom.poly.id(GPOL_PNT)	获取多边形的编号
geom.poly.isgroup(GPOL_PNT, STR<, INT>)	查询多边形的分组是否存在
geom.poly.list(GSET_PNT)	获取多边形的列表
geom.poly.near(GSET_PNT, VEC<, FLT>)	找到距离一个点最近的多边形
geom.poly.next.index(GPOL_PNT, INT)	获取多边形的下一条边的索引
geom.poly.next.poly(GPOL_PNT, INT)	获取连接边的下一个多边形

续表 3-24

函数名称	功能描述
geom.poly.node(GPOL_PNT, INT)	获取多边形的一个节点
geom.poly.normal(GPOL_PNT<, INT>)	获取多边形的法线
geom.poly.normal.x(GPOL_PNT) (3D only)	获取多边形法线的 x 坐标
geom.poly.normal.y(GPOL_PNT) (3D only)	获取多边形法线的 y 坐标
geom.poly.normal.z(GPOL_PNT)	获取多边形法线的 z 坐标
geom.poly.pos(GPOL_PNT<, INT>)	获取多边形的位置
geom.poly.pos.x(GPOL_PNT)	获取多边形位置的 x 坐标
geom.poly.pos.y(GPOL_PNT)	获取多边形位置的 y 坐标
geom.poly.pos.z(GPOL_PNT) (3D only)	获取多边形位置的 z 坐标
geom.poly.size(GPOL_PNT)	获取多边形的边数
geom.poly.typeid	获取多边形的类型号
geom.set.create(STR<, INT>)	创建几何图形集合
geom.set.delete(GSET_PNT)	删除几何图形集合
geom.set.edge.maxid(GSET_PNT)	获取边的最大编号
geom.set.edge.num(GSET_PNT)	获取边的数目
geom.set.find(INT/STR)	查找一个几何图形集合
geom.set.id(GSET_PNT)	获取几何图形集合的编号
geom.set.list	获取全部几何图形集合的列表
geom.set.maxid	获取几何图形集合的最大编号
geom.set.name(GSET_PNT)	获取几何图形集合的名称
geom.set.node.maxid(GSET_PNT)	获取最大节点的编号
geom.set.node.num(GSET_PNT)	获取/设置节点的数目
geom.set.num	获取几何图形集合的数目
geom.set.poly.maxid(GSET_PNT)	获取多边形的最大编号
geom.set.poly.num(GSET_PNT)	获取多边形的数目
geom.set.typeid	获取几何图形集合的类型编号

表 3-25 全局计算管理函数

函数名称	功能描述
global.cycle	获取周期数/步数
global.deterministic	获取/设置确定性模式
global.dim	获取程序的维度
global.factor.of.safety	获取全局安全因素
global.gravity(<INT>)	获取/设置重力
global.gravity.x	获取/设置重力的 x 坐标
global.gravity.y	获取/设置重力的 y 坐标
global.gravity.z（3D only）	获取/设置重力的 z 坐标
global.processors	获取/设置处理器数目
global.step	获取周期数/步数
global.timestep	获取全局步长

表 3-26 标签管理函数

函数名称	功能描述
label.arrow(LAB_PNT)	获取/设置箭头状态
label.create(VEC<, INT>)	创建一个标签
label.delete(LAB_PNT)	删除一个标签
label.end(LAB, PNT<, INT>)	获取/设置标签结束位置
label.end.x(LAB_PNT)	获取/设置标签结束位置的 x 坐标
label.end.y(LAB_PNT)	获取/设置标签结束位置的 y 坐标
label.end.z(LAB_PNT)（3D only）	获取/设置标签结束位置的 z 坐标
label.find(INT)	查找一个标签
label.head	获取全部标签的表头
label.maxid	获取最大标签编号
label.next(LAB_PNT)	获取下一个标签
label.num	获取标签的数目
label.pos(LAB_PNT<, INT>)	获取/设置标签的位置
label.pos.x(LAB_PNT)	获取/设置标签位置的 x 坐标
label.pos.y(LAB_PNT)	获取/设置标签位置的 y 坐标

续表 3-26

函数名称	功能描述
label.pos.z(LAB_PNT)（3D only）	获取/设置标签位置的 z 坐标
label.text(LAB_PNT)	获取/设置标签的文本
label.typeid	获取标签的类型编号

表 3-27 测量圆 FISH 函数

函数名称	功能描述
measure.coordination(MEAS_PNT)	获取配位数
measure.delete(MEAS_PNT)	删除测量对象
measure.find(INT)	查找测量对象
measure.id(MEAS_PNT)	获取测量圆编号
measure.list	获取测量对象的列表
measure.maxid	获取测量圆最大编号
measure.num	获取测量对象的数目
measure.porosity(MEAS_PNT)	获取孔隙率
measure.pos(MEAS_PNT<,INT>)	获取/设置测量位置
measure.pos.x(MEAS_PNT)	获取/设置测量位置的 x 坐标
measure.pos.y(MEAS_PNT)	获取/设置测量位置的 y 坐标
measure.pos.z(MEAS_PNT)（3D only）	获取/设置测量位置的 z 坐标
measure.radius(MEAS_PNT)	获取/设置测量对象的半径
measure.size(MEAS_PNT)	获取累计粒径分布
measure.strainrate(MEAS_PNT<,INT<,INT>>)	获取应变速率张量
measure.strainrate.xx(MEAS_PNT)	获取应变速率张量 xx 值
measure.strainrate.xy(MEAS_PNT)	获取应变速率张量 xy 值
measure.strainrate.xz(MEAS_PNT)	获取应变速率张量 xz 值
measure.strainrate.yy(MEAS_PNT)	获取应变速率张量 yy 值
measure.strainrate.yz(MEAS_PNT)	获取应变速率张量 yz 值
measure.strainrate.zz(MEAS_PNT)	获取应变速率张量 zz 值
measure.strainrate.full(MEAS_PNT)	获取全应变速率矩阵

续表 3-27

函数名称	功能描述
measure.stess(MEAS_PNT<, INT<, INT>>)	获取应力张量
measure.stress.xx(MEAS_PNT)	获取应力张量 xx 值
measure.stress.xy(MEAS_PNT)	获取应力张量 xy 值
measure.stress.xz(MEAS_PNT)	获取应力张量 xz 值
measure.stress.yy(MEAS_PNT)	获取应力张量 yy 值
measure.stress.yz(MEAS_PNT)	获取应力张量 yz 值
measure.stress.zz(MEAS_PNT)	获取应力张量 zz 值
measure.stress.full(MEAS_PNT)	获取全应力矩阵
measure.typeid	获取测量的类型编号

表 3-28 范围 FISH 函数

函数名称	功能描述
range.find(STR)	查找一个命名的范围
range.isin(RAN_PNT, IND/PNT/VEC)	确定范围的包含状态

表 3-29 表格 FISH 函数

函数名称	功能描述
table(INT/STR/TAB_PNT, FLT)	获取/插入一个表项
table.x(INT/STR/TAB_PNT, INT)	获取/插入一个表项的 x 值
table.y(INT/STR/TAB_PNT, INT)	获取/插入一个表项的 y 值
table.clear(INT/STR/TAB_PNT)	清除一个表
table.create(INT/STR)	创建一个表
table.delete(INT/STR/TAB_PNT)	删除一个表
table.find(INT/STR)	查找一个表
table.get(INT/STR)	查找或创建一个表
table.id(INT/STR/TAB_PNT)	获取表的编号
table.name(INT/STR/TAB_PNT)	获取/设置表的名称
table.size(INT/STR/TAB_PNT)	获取表的大小
table.value(INT/STR/TAB_PNT, INT)	获取/设置表项

表 3-30　用户自定义变量 FISH 函数

函数名称	功能描述
user.scalar.create(VEC)	创建一个标量
user.scalar.delete(UDS_PNT)	删除一个标量
user.scalar.extra(UDS_PNT<, INT>)	获取/设置标量的额外参数
user.scalar.find(INT)	查找一个标量
user.scalar.group(UDS_PNT<, INT>)	获取/设置标量的分组
user.scalar.group.remove(UDS_PNT, STR)	删除标量的分组
user.scalar.head	标量的全局列表头
user.scalar.id(UDS_PNT)	获取标量的编号
user.scalar.isgroup(UDS_PNT, STR<, INT>)	查询标量的分组是否存在
user.scalar.list	获取全部标量列表
user.scalar.near(VEC<, FLT>)	查找距离一个点最近的标量
user.scalar.next(UDS_PNT)	获取下一个标量
user.scalar.num	获取标量的数目
user.scalar.pos(UDS_PNT<, INT>)	获取/设置标量的位置
user.scalar.pos.x(UDS_PNT)	获取/设置标量位置的 x 坐标
user.scalar.pos.y(UDS_PNT)	获取/设置标量位置的 y 坐标
user.scalar.pos.z(UDS_PNT)（3D only）	获取/设置标量位置的 z 坐标
user.scalar.typeid	获取标量的类型编号
user.scalar.value(UDS_PNT)	获取/设置标量值
user.tensor.create(VEC)	创建一个张量
user.tensor.delete(UDT_PNT)	删除一个张量
user.tensor.extra(UDT_PNT<, INT>)	获取/设置张量的额外参数
user.tensor.find(INT)	查找一个张量
user.tensor.group(UDT_PNT<, INT>)	获取/设置张量的分组
user.tensor.group.remove(UDT_PNT, STR)	删除张量的分组
user.tensor.head	张量的全局列表头
user.tensor.id(UDT_PNT)	获取张量的编号
user.tensor.isgroup(UDT_PNT, STR<, INT>)	查询张量的分组是否存在

3.3 FISH 内嵌函数

续表 3-30

函数名称	功能描述
user.tensor.list	获取全部张量列表
user.tensor.near(VEC<, FLT>)	查找距离一个点最近的张量
user.tensor.next(UDT_PNT)	获取下一个张量
user.tensor.num	获取张量的数目
user.tensor.pos(UDT_PNT<, INT>)	获取/设置张量的位置
user.tensor.pos.x(UDT_PNT)	获取/设置张量位置的 x 坐标
user.tensor.pos.y(UDT_PNT)	获取/设置张量位置的 y 坐标
user.tensor.pos.z(UDT_PNT)（3D only）	获取/设置张量位置的 z 坐标
user.tensor.typeid	获取张量的类型编号
user.tensor.value(UDT_PNT<, INT<, INT>>)	获取/设置张量值
user.tensor.value.xx(UDT_PNT)	获取/设置张量 xx 值
user.tensor.value.xy(UDT_PNT)	获取/设置张量 xy 值
user.tensor.value.xz(UDT_PNT)	获取/设置张量 xz 值
user.tensor.value.yz(UDT_PNT)	获取/设置张量 yz 值
user.tensor.value.zz(UDT_PNT)	获取/设置张量 zz 值
user.vector.create(VEC)	创建一个向量
user.vector.ddir(UDV_PNT)（3D only）	获取/设置向量的倾向
user.vector.delete(UDV_PNT)	删除一个向量
user.vector.dip(UDV_PNT)	获取/设置向量的倾角
user.vector.extra(UDV_PNT<, INT>)	获取/设置向量的额外参数
user.vector.find(INT)	查找一个向量
user.vector.group(UDV_PNT<, INT>)	获取/设置向量的分组
user.vector.group.remove(UDV_PNT, STR)	删除向量的分组
user.vector.head	向量的全局列表头
user.vector.id(UDV_PNT)	获取向量的编号
user.vector.list	获取全部向量列表
user.vector.near(VEC<, FLT>)	查找距离一个点最近的向量
user.vector.next(UDV_PNT)	获取下一个向量

续表 3-30

函数名称	功能描述
user.vector.num	获取向量的数目
user.vector.pos(UDV_PNT<, INT>)	获取/设置向量的位置
user.vector.pos.x(UDV_PNT)	获取/设置向量位置的 x 坐标
user.vector.pos.y(UDV_PNT)	获取/设置向量位置的 y 坐标
user.vector.pos.z(UDV_PNT) (3D only)	获取/设置向量位置的 z 坐标
user.vector.typied	获取向量的类型编号
user.vector.value(UDV_PNT<, INT>)	获取/设置向量值
user.vector.value.x(UDV_PNT)	获取/设置向量值的 x 分量
user.vector.value.y(UDV_PNT)	获取/设置向量值的 y 分量
user.vector.value.z(UDV_PNT) (3D only)	获取/设置向量值的 z 分量

3.3.3 实体内变量函数

实体内变量函数见表 3-31~表 3-34。

表 3-31 ball 相关 FISH 内变量列表

函数调用实例	功能描述
m=ball.contactmap(bp<, i, p>)	获取某一球的激活接触列表
m=ball.contactmap.all(bp<, i, p>)	获取某一球的所有接触列表,含未激活接触
ir=ball.contactnum(bp<, i>)	获取某一球的激活接触数目
ir=ball.contactnum.num(bp<, i>)	获取某一球的所有接触数目,含未激活接触
b=ball.create(f, v<, i>)	在 v 位置,创建一个半径为 r 的球,返回指针为 b
f=ball.damp(bp)	获取球的局部阻尼系数
void=ball.delete(bp)	删除指针为 bp 的球
fd=ball.density(bp)	获取球的密度
v=ball.disp(bp<, i>)	获取球的位移矢量
f=ball.energy(s)	获取球的能量贡献,s 为能量类型,需使用 set energy on 才可调用;s 可取 ebody、edamp、ekinetic,分别代表体能、阻尼能、动能
v=ball.euler(bp<, i>)	获取球的欧拉角
a=ball.extra(b<, i>)	提取存储在 slot i 上的额外参量

3.3 FISH 内嵌函数

续表 3-31

函数调用实例	功能描述
bp = ball.find(id)	根据球的编号,查询球的指针
b = ball.fix(b, i)	通过球的指针,对球进行约束设置
v = ball.force.app(bp<, i>) ball.force.app(bp<, i>) = v	查询/设置施加到球上的力,i 表示第 i 个分量
y = ball.force.contact(bp<, i>)	查询/设置球的接触力,i 表示第 i 个分量
y = ball.force.unbal(bp<, i>)	查询球的不平衡力
i = ball.fragment(b) ball.fragment(b) = i	查询/设置球所属碎块的编号
s = ball.group(b<, i>)	查询球所属的组名,i 代表 slot
i = ball.group.remove(b, s)	将球从某一分组中移除
m = ball.groupmap(s<, i>)	提取属于某一分组的球
i = ball.id(b)	根据球的指针,查询球的编号
a = ball.inbox(vl, vu<, b>)	查询处于某一范围内的球指针数组
b = ball.isgroup(bp, s<, i>)	判断某一球是否属于某一分组,返回布尔值
b = ball.isprop(bp, s)	判断某一球是否具有某一属性,返回布尔值
l = ball.list	查询所有球的列表
f = ball.mass(b)	查询球的惯性质量
f = ball.mass.real(b)	查询球的实体(重力)质量
id = ball.maxid	查询球的最大编号(由于编号可以不连续,故可能大于球的数目)
f = ball.moi(b)	查询球的惯性矩
f = ball.moi.real(b)	查询球的实(重力)惯性矩
v = ball.moment.app(b<, i>) ball.moment.app(b<, i>) = v	查询/设置施加到球上的力矩
v = ball.moment.contact(b<, i>) ball.moment.contact(b<, i>) = v	查询/设置球的接触力矩
v = ball.moment.unbal(b<, i>)	查询球的不平衡力矩
bp = ball.near(vp<, frad>)	查询最接近某一位置的球的指针
i = ball.num	查询球的数目

续表 3-31

函数调用实例	功能描述
v=ball.pos(bp<, i>)	查询球的位置坐标的矢量
a=ball.prop(b, s)	查询球的某一属性参数值，需对应 ball property
frad=ball.radius(bp)	查询球的半径
f=ball.rotation(bp)（2D only）	查询球的旋转角度，只有 set orientation on 打开才可用
v=ball.spin(b<, i>)	查询球的角速度，i 表示分量
t=ball.stress(bp<, i1, i2>)	查询球的应力张量
m=ball.stress.full(bp)	查询球的全应力张量
i=ball.typeid	查询球的类型编号，该编号用于区分 PFC 5.0 中各个指针类型
v=ball.vel(bp<, i>) ball.vel(bp<, i>)=v	查询/设置球第 i 个分量的速度，若不设置 i，则为速度矢量

表 3-32　wall 相关 FISH 内变量列表

函数调用实例	功能描述
f=wall.addfacet(w, v, a)	在某一墙中添加一个墙面
b=wall.closed(w)	查询墙的闭合状态，闭合是指所有点（二维）或边（三维）均共用
m=wall.contactmap(w<, i><, p>)	获取某一墙的激活接触列表
m=wall.contactmap.all(w<, i><, p>)	获取某一墙的所有接触列表
ir=wall.contactnum(w<, i>)	获取某一墙的激活接触数目
ir=wall.contactnum.all(w<, i>)	获取某一墙的所有接触数目
b=wall.convex(w)	查询墙的凸面状态，墙必须闭合以形成凸面
f=wall.cutoff(w) wall.cutoff(w) = f	查询/设置墙的截止角，在接触检测中使用截止角确定是否传递接触状态信息
v=wall.delete(w)	删除指针为 w 的墙
v=wall.disp(w<, i>)	获取墙的位移矢量
f=wall.energy(s)	获取墙的能量贡献
v=wall.euler(w<, i>)（3D only） wall.euler(w<, i>)=v（3D only）	查询/设置墙的方位

3.3 FISH 内嵌函数

续表 3-32

函数调用实例	功能描述
a = wall. extra((w<, i>)) wall. extra((w<, i>)) = a	查询/提取存储在 slot i 上的额外参数
i = wall. facet. active(f) wall. facet. active(f) = i	查询/设置墙面的激活标志（0 表示双面激活，1 表示上面激活，-1 表示下面激活，2 表示双面均不激活）
m = wall. facet. contactmap(f<, i><, p>)	获取某一墙面 facet 的激活接触列表
m = wall. facet. contactmap. all(f<, i><, p>)	获取某一墙面的所有接触列表
ir = wall. facet. contactnum(f<, i>)	查询某一墙面的激活接触数目
ir = wall. facet. contactnum. all(f<, i>)	查询某一墙面的所有接触数目
v = wall. facet. conveyor(wf<, i>) wall. facet. conveyor(w<, i>) = v	查询/设置某一墙面的传送速度矢量
v = wall. facet. delete(f)	删除指针为 f 的墙面
a = wall. facet. extra(f<, i>) wall. facet. extra(f<, i>) = a	查询/提取存储在 slot i 上的额外参数
fp = wall. facet. find(id)	查询编号为 id 的墙面的指针
s = wall. facet. group(f<, i>) wall. facet. group(f<, i>) = s	查询/设置墙面的分组
i = wall. facet. group. remove(f, s)	将某一墙面从某一分组中移除
m = wall. facet. group. map(s<, i>)	获取属于某一分组的所有墙面列表
i = wall. facet. id (f)	查询墙面的编号
a = wall. facet. inbox(vl, vu<, b>)	查询处于某一范围内的墙面
b = wall. facet. isgroup(f, s<, i>)	判断某一墙面是否属于某一分组
b = wall. facet. isprop(f, s)	判断某一墙面是否具有某一属性，返回布尔值
l = wall. facet. list	获取所有的墙面列表
id = wall. facet. maxid	查询墙面的最大编号
wf = wall. facet. near(vp<, wp, frad>)	查询距离某一位置最近的墙面的指针
v = wall. facet. normal(wf<, i>)	查询墙面的法向量
i = wall. facet. num	查询墙面的数目
fr = wall. facet. pair(f, i)	查询相邻的墙面

续表 3-32

函数调用实例	功能描述
vr = wall.facet.pointnear(f, v)	查询某一墙面上距离某一位置最近的顶点坐标矢量
v = wall.facet.pos(wf<, i>)	查询墙面的位置矢量
a = wall.facet.prop(f, s) wall.facet.prop(f, s) = a	查询/设置墙面的某一属性参数值
i = wall.facet.typeid	查询墙面的指针类型编号
v = wall.facet.vertex(f, i)	查询墙面的顶点坐标矢量，i 表示第 i 个顶点
w = wall.facet.wall(f)	查询某一墙面所属的墙的指针
l = wall.facetlist(w)	获取属于墙的墙面列表
wp = wall.find(id)	查询编号为 id 的墙指针
v = wall.force.contact(w<, i>)	查询作用于某一墙上的接触力矢量
i = wall.fragment(w) wall.fragment(w) = i	查询/设置墙的碎块编号
s = wall.group(w<, i>) wall.group(w<, i>) = s	查询/设置墙的分组名称
i = wall.group.remove(w, s)	将某一墙从某一分组中移除
m = wall.groupmap(s<, i>)	获取属于某一分组的墙列表
i = wall.id(w)	查询墙的编号
a = wall.inbox(vl, vu<, d>)	查询某一范围内的墙
b = wall.inside(w, v)	判断某一位置矢量是否位于某一闭合墙的内部
b = wall.isgroup(w, s<, i>)	判断某一墙是否属于某一分组，返回布尔值
l = wall.list	获取所有墙的列表
id = wall.maxid	获取墙的最大编号
v = wall.moment.contact(w<, i>)	查询墙的接触力矩矢量
s = wall.name(w)	提取墙的名称
wp = wall.near(vp<, frad>)	查询距离某一位置最近的墙的指针
i = wall.num	查询墙的数目
v = wall.pos(w<, i>) wall.pos(w<, i>) = v	查询/设置墙的中心位置

续表 3-32

函数调用实例	功能描述
wall.prop(w, s) = a	墙的属性赋值
f = wall.rotation(w) (2D only) wall.rotation(w) = f (2D only)	查询/设置墙的方位
v = wall.rotation.center(w<, i>) wall.rotation.center(w<, i>) = v	查询/设置墙的旋转中心
b = wall.servo.active(w) wall.servo.active(w) = b	提取/设置墙的伺服激活状态
v = wall.servo.force(w<, i>) wall.servo.force(w<, i>) = v	提取/设置墙的伺服力矢量
f = wall.servo.gain(w)	提取/设置当前墙的伺服增益
f = wall.servo.gainfactor(w) wall.servo.gainfactor(w) = f	提取/设置墙的伺服增益系数值
i = wall.servo.gainupdate(w) wall.servo.gainupdate(w) = i	提取/设置墙的伺服更新间隔,i 是步数
f = wall.servo.vmax(w) wall.servo.vmax(w) = f	提取/设置墙伺服的最大速度限制
v = wall.spin(w<, i>) wall.spin(w<, i>) = v	提取/设置墙的角速度矢量
i = wall.typeid	提取墙指针的类型编号
v = wall.vel((w<, i>) wall.vel((w<, i>) = v	提取/设置墙的速度矢量
v = wall.vertex.delete(wv)	删除墙的一个顶点
a = wall.vertex.facetarray(v)	提取共用顶点的墙面数组
vp = wall.vertex.find(id)	根据编号 id,查询顶点的指针
i = wall.vertex.id(v)	根据指针 v,查询顶点的编号
a = wall.vertex.inbox(vl, vu)	获取位于某一范围内的墙顶点数组
l = wall.vertex.list	获取全部墙顶点的列表
id = wall.vertex.maxid	获取墙顶点的最大编号

续表 3-32

函数调用实例	功能描述
wv = wall.vertex.near(vp<, frad>)	获取最接近某一点的顶点指针
i = wall.vertex.num	查询墙顶点的数目
v = wall.vertex.pos(v<, i>) wall.vertex.pos(v<, i>) = v	查询/设置墙顶点的坐标矢量
i = wall.vertex.typeid	查询墙顶点指针的类型编号
v = wall.vertex.vel(v<, i>) wall.vertex.vel(v<, i>) = v	查询/设置墙顶点的速度矢量
l = wall.vertex.list(w)	获取所有属于某一墙的顶点列表

表 3-33 clump 相关 FISH 内变量列表

函数调用实例	功能描述
p = clump.addpebble(c, f, v<, i>)	在指针为 c 的刚性簇中添加一个半径为 f、位置为 v 的 pebble，该操作不影响惯性参数，但不再指向一个簇模板
v = clump.calculate(c<, f>)	查询簇的惯性参数
m = clump.contactmap(c<, i><, p>)	查询簇的激活接触
m = clump.contactmap.all(c<, i><, p>)	查询簇的所有接触，包括未激活接触
ir = clump.contactnum(c<, i>)	查询簇的激活接触数目
ir = clump.contactnum.all(c<, i>)	查询簇的所有接触数目，包括未激活接触
f = clump.damp(c) clump.damp(c) = f	查询/设置簇的局部阻尼系数
v = clump.delete(c)	删除指针为 c 的簇
v = clump.deletepebble(c, p)	删除簇中的某一 pebble，该操作不影响惯性参数，但不再指向某一簇模板
f = clump.density(c) clump.density(c) = f	查询/设置簇的密度
v = clump.disp(c<, i>) clump.disp(c<, i>) = v	查询/设置簇的位移矢量
f = clump.energy(s)	查询簇的能量贡献，需使用 set energy on 才可调用；s 可取 ebody、edamp、ekinetic，分别表示体能、阻尼能、动能

3.3 FISH 内嵌函数

续表 3-33

函数调用实例	功能描述
v=clump.euler(c<, i>) (3D only) clump.culer(c<, i>)=v (3D only)	查询/设置簇的方位
a=clump.extra(c<, i>) clump.extra(c<, i>)=a	查询/设置簇的额外参量
cp=clump.find(id)	根据编号 id，查询簇的指针
b=clump.fix(c, i) clump.fix(c, i)=b	查询/设置簇的约束
v=clump.force.app(c<, i>) clump.force.app(c<, i>)=v	查询/设置簇上施加的力
v=clump.force.contact(c<, i>) clump.force.contact(c<, i>)=v	查询/设置簇上施加的接触力
v=clump.force.unbal(c<, i>)	查询簇上的不平衡力
i=clump.fragment(c) clump.fragment(c)=i	查询/设置簇的碎块编号
s=clump.group(c<, i>) clump.group(c<, i>)=s	查询/设置簇的分组名称
i=clump.group.remove(c, s)	将某一簇从某一分组中移除
m=clump.groupmap(s<, i>)	查询属于某一分组的所有簇
i=clump.id(c)	根据指针 c，查询簇的编号
a=clump.inbox(vl, vu<, b>)	获取处于某一范围内的簇数组
vr=clump.inglobal(c, v)	在主坐标系中旋转簇，返回旋转矢量
vr=clump.inprin(c, v)	将簇旋转至主坐标系，返回旋转矢量
b=clump.isgroup(c, s<, i>)	查询某一簇是否属于某一分组，返回布尔值
l=clump.list	提取簇的总列表
f=clump.mass(c)	提取簇的惯性质量
f=clump.mass.real(c)	提取簇的实（重力）惯性质量
id=clump.maxid	查询簇的最大编号
t=clump.moi(c<, i1<, i2>>)	查询簇的惯性矩

续表 3-33

函数调用实例	功能描述
b=clump.moi.fix(c) clump.moi.fix(c)=b	查询/设置簇的惯性矩约束状态，若设置为激活，则在进行簇缩放或密度、体积变化时，簇惯性矩不会实时更新
v=clump.moi.prin(c<, i>)	查询簇的主惯性矩
v=clump.moi.prin.real(c<, i>) clump.moi.prin.real(c<, i>)=v	查询/设置簇的实（重力）主惯性矩
t=clump.moi.real(c<, i1<, i2>>) clump.moi.real(c<, i1<, i2>>)=t	查询/设置簇的实惯性矩
v=clump.moment.app(c<, i>) clump.moment.app(c<, i>)=v	查询/设置施加至簇上的力矩
v=clump.moment.contact(c<, i>) clump.moment.contact(c<, i>)=v	查询/设置施加至簇上的接触力矩
v=clump.moment.unbal(c<, i>)	查询簇的不平衡力矩
cp=clump.near(vp<, frad>)	查询距离某一位置矢量最近的簇的指针
i=clump.num	查询簇的数目
c=clump.pebble.clump(p)	查询某一 pebble 所属的簇的指针
m=clump.pebble.contactmap(p<, i><, q>)	获取某一 pebble 的激活接触列表
m=clump.pebble.contactmap.all(p<, i><, q>)	获取某一 pebble 的所有接触列表，包括未激活接触
ir=clump.pebble.contactnum(p<, i>)	查询某一 pebble 的接触数目
ir=clump.pebble.contactnum.all(p<, i>)	查询某一 pebble 的所有接触数目，包括未激活接触
v=clump.pebble.delete(p)	删除一个 pebble
a=clump.pebble.extra(p<, i>) clump.pebble.extra(p<, i>)=a	查询/设置 pebble 的额外参量
cp=clump.pebble.find(id)	根据编号 id，查询 pebble 的指针
s=clump.pebble.group(p<, i>) clump.pebble.group(p<, i>)=s	查询/设置 pebble 的分组名称
i=clump.pebble.group.remove(c, s)	将某一 pebble 从某一分组中移除
m=clump.pebble.groupmap(s<, i>)	获取属于某一分组的 pebble 列表
i=clump.pebble.id(p)	根据 pebble 的指针，查询 pebble 的编号

续表 3-33

函数调用实例	功能描述
a=clump.pebble.inbox(vl, vu<, b>)	获取位于某一范围内的属于某一簇的 pebble 数组
b=clump.pebble.isgroup(p, s<, i>)	查询某一 pebble 是否属于某一分组，返回布尔值
b=clump.pebble.isprop(p, s)	查询某一 pebble 是否具有某一属性
l=clump.pebble.list	获取所有 pebble 的指针列表
id=clump.pebble.maxid	查询 pebble 的最大编号
cp=clump.pebble.near(vp<, frad>)	查询距离某一位置矢量最近的 pebble 指针
i=clump.pebble.num	查询 pebble 的数目
v=clump.pebble.pos(p<, i>) clump.pebble.pos(p<, i>)=v	查询/设置 pebble 的位置矢量
a=clump.pebble.prop(p, s) clump.pebble.prop(p, s)=a	查询/设置 pebble 的某一属性值
f=clump.pebble.radius(p) clump.pebble.radius(p)=f	查询/设置 pebble 的半径
i=clump.pebble.typeid	查询 pebble 的类型编号
v=clump.pebble.vel(p<, i>)	查询 pebble 的速度矢量
l=clump.pebblelist(c)	查询所有 pebble 的指针列表
v=clump.pos(<, i>) clump.pos(c<, i>)=v	查询/设置簇的位置矢量
clump.prop(c, s)=a	设置簇内所有 pebble 的某一属性值
b=clump.rotate(c, v, f)	旋转簇，旋转点为簇的中心，v 为旋转轴矢量，f 为角度
f=clump.rotation(c) (2D only) clump.rotation(c)=f (2D only)	查询/设置簇的方位
b=clump.scalesphere(c, f)	将簇缩放为一个等效球（二维为面积，三维为体积），半径为 f
b=clump.scalevol(c, f)	缩放簇，缩放系数为 f
v=clump.spin(c<, i>) clump.spin(c<, i>)=v	查询/设置簇的角速度
t=clump.template(c)	查询簇的模板指针，若不存在，则为空
p=clump.template.addpebble(c, f, v<, i>)	在模板中添加一个 pebble，半径为 f, 位置为 v
cl=clump.template.clone(c, s)	克隆一个簇模板，新模板名称为 s

续表 3-33

函数调用实例	功能描述
v=clump.template.delete(c)	删除一个簇模板
v=clump.template.deletepebble(c, p)	从某一簇中删除某一 pebble
v=clump.template.euler(c<, i>)（3D only）	查询簇模板的相对方位
cp=clump.template.find(s)	查询名称为 s 的簇模板，返回其指针
cp=clump.template.findpebble(id)	查询编号为 id 的簇模板中 pebble 的指针
l=clump.template.list	获取簇模板的总列表
cl=clump.template.make(c, s)	根据某一簇 c，创建一个名称为 s、指针为 cl 的簇模板
id=clump.template.maxid	查询簇模板的最大编号
t=clump.template.moi(c<, i1<, i2>>)	查询簇模板的惯性矩
v=clump.template.moi.prin(c<, i>)	查询簇模板的主惯性矩
s=clump.template.name(c)	查询簇模板的名称
i=clump.template.num	查询簇模板的数目
v=clump.template.origpos(c<, i>) clump.template.origpos(c<, i>)=v	查询/设置簇模板的初始位置
l=clump.template.pebblelist(c)	获取簇模板中的所有 pebble 列表
f=clump.template.scale(c)	查询簇模板的相对缩放系数
i=clump.template.typeid	查询/设置簇模板的指针类型编号
f=clump.template.vol(c) clump.template.vol(c)=f	查询/设置簇模板的体积
i=clump.typeid	查询簇的指针类型编号
v=clump.vel(c<, i>) clump.vel(c<, i>)=v	查询/设置簇的速度矢量
f=clump.vol(c) clump.vol(c)=f	查询/设置簇的体积

表 3-34　contact 相关 FISH 内变量列表

函数调用实例	功能描述
b=contact.activate(c) contact.activate(c)=b	查询/设置接触的激活标志。若设置为 on，则接触一直保持激活；若设置为 off，则激活状态随时间步更新

续表3-34

函数调用实例	功能描述
b=contact.active(c)	查询一个接触的激活状态
p=contact.end1(c)	查询接触实体1的指针
p=contact.end2(c)	查询接触实体2的指针
f=contact.energy(c, s)	查询能量分配的当前值,需使用set energy on才可调用;s可取edashpot、epbstrain、eslip和estrain,分别表示阻尼能、平行黏结应变能、摩擦耗散能、应变能
f=contact.energy.sum(s1<, s2>)	查询接触上的累积能量,s1为能量名称,s2为可选过程名称或接触类型名称
a=contact.extra(c<, i>) contact.extra(c<, i>)=a	查询/设置接触的额外参量
i=contact.fid(c)	查询接触裂隙的编号
cp=contact.find(s, id<, id2>)	根据接触类型s和编号id,查询接触指针
v=contact.force.global(c<, i>)	查询全局坐标系下的接触力矢量
v=contact.force.local(c<, i>)	查询局部坐标系下的接触力矢量
f=contact.force.normal(c)	查询接触力的法向分量
f=contact.force.shear(c)	查询接触力的切向分量
f=contact.gap(c)	查询当前接触的接触间隙
s=contact.group(c<, i>) contact.group(c<, i>)=s	查询/设置接触的分组
i=contact.group.remove(c, s)	将某一接触从某一分组中移除
m=contact.groupmap(s1<, i, s2>)	查询所有属于分组s1的激活接触列表
m=contact.groupmap.all(s1<, i, s2>)	获取所有属于分组s1的接触列表,含未激活接触
i=contact.id(c)	查询接触的编号
b=contact.inherit(c, s) contact.inherit(c, s)=b	查询/设置接触的属性继承特性,若设置为本模型不支持的属性,则放弃
b=contact.inhibit(c) contact.inhibit(c)=b	查询/设置接触的抑制标志
b=contact.isenergy(c, s)	查询接触模型是否存在
b=contact.isgroup(c, s<, i>)	判断某一接触是否属于某一分组

续表 3-34

函数调用实例	功能描述
b = contact.isprop(c, s)	判断接触是否具有某一属性
m = contact.list(<s>)	获取激活接触列表
m = contact.list.all(<s>)	获取所有接触列表
v = contact.method(c, s<, ar_args>)	查询接触模型的定义方法
s = contact.model(c) contact.model(c) = s	查询/设置接触模型的名称
v = contact.moment.on1.global(cm<, i>)	查询全局坐标系下作用在 end1 上的接触力矩
v = contact.moment.on1.local(cm<, i>>)	查询局部坐标系下作用在 end1 上的接触力矩
v = contact.moment.on2.global(cm<, i>)	查询全局坐标系下作用在 end2 下的接触力矩
v = contact.moment.on2.local(cm<, i>)	查询局部坐标系下作用在 end2 上的接触力矩
v = contact.normal(c<, i>)	提取接触的法向量
i = contact.num(<s>)	查询激活接触的数目
i = contact.num.all(<s>)	查询所有接触的数目，包括未激活接触
v = contact.offset(c<, i>)	查询接触的偏移矢量
b = contact.persist(c) contact.persist(c) = b	查询接触的持久性标志，若为真，则接触无法删除
v = contact.pos(c<, i>)	查询接触的位置矢量
a = contact.prop(c, s) contact.prop(c, s) = a	查询/设置接触的属性值
v = contact.shear(c<, i>)	查询接触的剪切方向矢量
vr = contact.to.global(c, v)	将一个矢量从局部坐标系转换为全局坐标系
vr = contact.to.local(c, v)	将一个矢量从全局坐标系转换为局部坐标系
i = contact.typeid(s)	查询接触的指针类型编号

3.4 FISH 编程实例

本节分别介绍三个 FISH 编程实例：规则排列颗粒生成、漏斗流 Hopper Flow 和无黏结颗粒体系应力与应变检测。

3.4.1 规则排列颗粒生成

例 2-19 和例 2-20 分别展示了使用命令 ball create 和 ball generate 生成不同规则排列颗粒的算法，而例 3-15 则主要展示使用 FISH 函数生成"奥运五环"模型中每个颗粒的算法。"奥运五环"模型具体构建过程如下：

（1）指定每个环的最外侧半径和组成该环的球数目，并依据几何关系确定每个球的半径；

（2）根据环的最外侧半径和球的半径，计算每个环的半径；

（3）根据组成每个环的球的数目，计算每个球所占弧度；

（4）指定环的中心坐标后，使用 loop 循环确定组成该环的每个球的坐标位置；

（5）改变中心坐标，依次生成组成其余四个环的球。

"奥运五环"模型生成效果如图 3-3 所示。

例 3-15 采用 FISH 函数生成规则排列颗粒实例

```
new
domain extent -5 5
define create_Olympic_rings
    ball_num=100;设置组成每个环的球的数目
    circle_rad_out=0.5;设置每个环的最外侧半径
    ball_rad=2 * math.pi * circle_rad_out /(2 * ball_num + 2 * math.pi);计算每个球的半径
    circle_rad=circle_rad_out-ball_rad;计算每个环的半径
    ball_thera=2 * math.pi / float(ball_num);计算每个球所占弧度
    loop nn (1,ball_num);使用 loop 循环确定组成环的每个球的坐标位置
        ball_pos_x0=circle_rad * math.cos(ball_thera * nn)
        ball_pos_y0=circle_rad * math.sin(ball_thera * nn)
        bp=ball.create(ball_rad,vector(ball_pos_x0,ball_pos_y0))
        ball.group(bp)='black_ring'
    endloop
    loop mm (1,ball_num)
        ball_pos_x1=1.05 + circle_rad * math.cos(ball_thera * mm)
        ball_pos_y1=circle_rad * math.sin(ball_thera * mm)
        bp=ball.create(ball_rad,vector(ball_pos_x1,ball_pos_y1))
        ball.group(bp)='red_ring'
    endloop
    loop pp (1,ball_num)
        ball_pos_x2=-1.05 + circle_rad * math.cos(ball_thera * pp)
        ball_pos_y2=circle_rad * math.sin(ball_thera * pp)
        bp=ball.create(ball_rad,vector(ball_pos_x2,ball_pos_y2))
        ball.group(bp)='blue_ring'
    endloop
    loop qq (1,ball_num)
        ball_pos_x3=-0.525 + circle_rad * math.cos(ball_thera * qq)
```

```
            ball_pos_y3 = -0.5 + circle_rad * math.sin(ball_thera * qq)
            bp = ball.create(ball_rad,vector(ball_pos_x3,ball_pos_y3))
            ball.group(bp) = 'yellow_ring'
        endloop
        loop ss (1,ball_num)
            ball_pos_x4 = 0.525 + circle_rad * math.cos(ball_thera * ss)
            ball_pos_y4 = -0.5 + circle_rad * math.sin(ball_thera * ss)
            bp = ball.create(ball_rad,vector(ball_pos_x4,ball_pos_y4))
            ball.group(bp) = 'green_ring'
        endloop
end
@create_Olympic_rings
save Olympic_rings
return
```

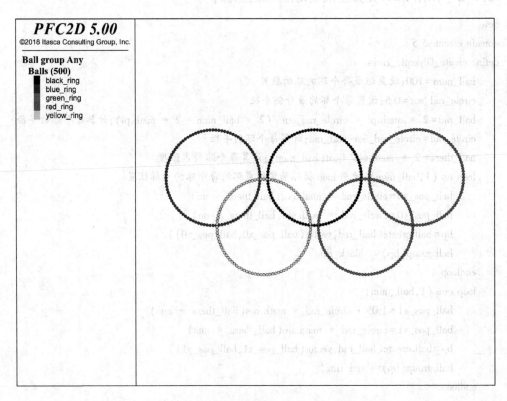

图 3-3 "奥运五环" 模型生成效果

3.4.2 漏斗流 Hopper Flow

例 3-16 模拟的是球形颗粒从漏斗（料斗）中放出的过程，边界条件为周期性边界，以减小漏斗几何形状对模拟结果的影响；研究了颗粒摩擦系数和装填高度对放出速率和流动模式的影响，使用 FISH 语言开展参数研究的若干重要方面如下：

(1) 使用函数 Action 实现颗粒从漏斗中放出过程的模拟；

(2) 使用命令 set fish callback 和函数 MeasureDischargedMass 实现对放出颗粒总质量的统计；

(3) 使用命令 solve fishhalt 和函数 HaltControl 实现对运行停止条件的控制；

(4) 使用命令 ball result 和循环语句 loop for 实现对不同模拟过程中图像数据的收集。

漏斗流 Hopper Flow 具体实现命令与 FISH 函数见例 3-16，漏斗流模型初始状态、过程状态和放出颗粒累计质量随时间变化曲线分别如图 3-4~图 3-6 所示。

例 3-16 漏斗流 Hopper Flow 实例

```
new
define build_hopper(fric,brad,theta);漏斗由 FISH 函数 bulid_hopper 创建和装填
    local cfric=fric
    ballRadius=brad
    W0=ballRadius * 10
    W=W0 * 4.0
    H=W * 1.50
    d=ballRadius * 5.0
    B=(W-W0) * 0.5
    theta=30 * math.pi/180
    A=B * math.tan(theta)
    command
        domain condition periodic;周期性边界条件
        domain extent([-W/4],[W/4])([-d],@d)(0,[W/4])
        cmat default model linear property kn 1e4 ks 5e3 fric @cfric dp_nratio 0.2
        cmat default type ball-facet model linear property kn 1.5e4 ks 7.5e3 fric @cfric dp_nratio 0.2
        ball distribute bin 1 radius @ballRadius
        ball attribute density 2500 damp 0.7
        cycle 1000 calm 10
        set timestep scale
        solve
        brick make id 1;利用块体颗粒组装模型方法(命令 brick)快速生成颗粒堆积体系
        ball delete;删除所有颗粒
        domain condition destroy periodic destroy;y 轴方向为周期性边界条件
        domain extent([-W/2],[W/2])([-d],@d)([-d],[H*2.0])
        wall generate group leftlateral_1 polygon ([-W/2],[-d],@A)([-W/2],0.0,@A)([-W/2],[-d],@H)([-W/2],0.0,@H)
        wall generate group leftlateral_2 polygon ([-W/2],0.0,@A)([-W/2],@d,@A)([-W/2],0.0,@H)([-W/2],@d,@H)
        wall generate group rightlateral_1 polygon ([W/2],[-d],@A)([W/2],0.0,@A)([W/2],[-d],@H)([W/2],0.0,@H)
        wall generate group rightlateral_2 polygon ([W/2],0.0,@A)([W/2],@d,@A)([W/2],0.0,@H)
```

```
        ([W/2],@d,@H)
            wall generate group leftbottom_1 polygon ([-W0/2],[-d],0.0)([-W0/2],0.0,0.0)([-W/2],[-d],
        @A)([-W/2],0.0,@A)
            wall generate group leftbottom_2 polygon ([-W0/2],0.0,0.0)([-W0/2],@d,0.0)([-W/2],0.0,@
        A)([-W/2],@d,@A)
            wall generate group rightbottom_1 polygon ([W0/2],[-d],0.0)([W0/2],0.0,0.0)([W/2],[-d],
        @A)([W/2],0.0,@A)
            wall generate group rightbottom_2 polygon ([W0/2],0.0,0.0)([W0/2],@d,0.0)([W/2],0.0,@A)
        ([W/2],@d,@A)
            wall generate id 1001 group cap polygon ([-W0/2],[-d],0.0)([W0/2],[-d],0.0)([-W0/2],0.0,
        0.0)([W0/2],0.0,0.0)
            wall generate id 1002 group cap polygon ([-W0/2],0.0,0.0)([W0/2],0.0,0.0)([-W0/2],@d,0.0)
        ([W0/2],@d,0.0)
            brick assemble id 1 origin ([-W/2],[-d],0.0) size 2 1 6
            ball delete range plane origin ([-W0/2],0.0,0.0) dip 30.0 dd 90.0 below
            ball delete range plane origin ([W0/2],0.0,0.0) dip -30.0 dd 90.0 below
            ball attribute density 2500 damp 0.7
            clean
            @trim
            set gravity 0 0 -9.81
            hist id 1 mech solve arat
            cycle 1000 calm 100
            solve arat 1e-3
            ball group LevelOne range z 0.0 [H/6]
            ball group LevelTwo range z [H/6][2*H/6]
            ball group LevelThree range z [2*H/6][3*H/6]
            ball group LevelFour range z [3*H/6][4*H/6]
            ball group LevelFive range z [4*H/6][5*H/6]
            ball group LevelSix range z [5*H/6][2*H]
        endcommand
    end
    define trim
        loop foreach local c contact.list('ball-facet')
            local bp=contact.end1(c)
            ball.delete(contact.end1(c))
        endloop
    end
    define Action(fill_level,key);定义函数 Action,实现颗粒从漏斗中放出
        z_min=fill_level*H/100.0 ;由参数 fill_level 确定颗粒装填高度,fill_level 以上颗粒将被删除
        z_max=2*H
        command
            ball delete range z @z_min @z_max
```

```
endcommand
discharged_mass = 0
filename = 'fill_'+string(int(fill_level))+'_'+key
command
    cycle 5000 calm 50
    solve aratio 1e-3 ;模型达平衡状态
    ball attribute damp 0.0 ;局部阻尼系数设置为 0
    wall delete range set id 1001 1002 ;删除底墙
    set mechanical age 0.0
    set timestep auto
    ball result time 0.1 addattribute group addattribute velocity activate ;使用命令 ball result 周期性地对颗粒
速度、位置等模拟过程和状态进行记录保存
        set fish callback ball_delete @MeasureDischargedMass ;利用命令 set fish callback 和函数
MeasureDischargedMass 统计放出颗粒的总质量
        set echo off
        solve fishhalt @HaltControl
        set echo on
        set fish callback ball_delete remove @MeasureDischargedMass
        save @filename
    endcommand
end
    define MeasureDischargedMass(bp)
        discharged_mass = discharged_mass + ball.mass.real(bp)
    command
        table @filename insert [mech.age] @discharged_mass
    endcommand
end
define HaltControl ;利用命令 solve fishhalt 和函数 HaltControl 实现对运行停止条件的控制:当剩余颗粒
少于 5 个时,模拟结束。为了停止循环,FISH 函数必须返回一个非零值
    local temp = 0
    if ball.num < 5
        command
            table @filename write @filename
        endcommand
        temp = 1
    endif
    HaltControl = temp
end
define makeMovie(fname) ;定义函数 makeMovie 实现对不同模拟过程的图像数据收集
    command
        ball result map @rmap
    endcommand
```

```
    loop for(local i=1,i<=map.size(rmap),i=i+1)
        local str=string.build("%1%2.png",fname,i)
        command
            ball result load @i nothrow
            plot bitmap filename @str
        endcommand
    endloop
end
@build_hopper(0.05,0.01,30.0)
save hopper_ini
@Action(50,'LowFriction') ;低装填高度、低摩擦条件
restore hopper_ini
@Action(100,'LowFriction') ;高装填高度、低摩擦条件
save LowFrictionHopper
restore hopper_ini
ball property fric 0.8
wall property fric 0.8
@Action(50,'HighFriction') ;低装填高度、高摩擦条件
restore hopper_ini
ball property fric 0.8
wall property fric 0.8
@Action(100,'HighFriction') ;高装填高度、高摩擦条件
save HighFrictionHopper
return
```

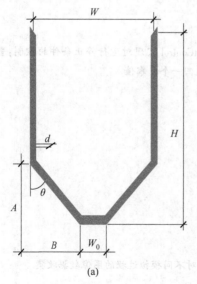
(a)

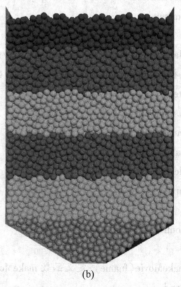
(b)

图 3-4 漏斗流模型初始状态
(a) 模型墙体；(b) 初始颗粒堆积状态

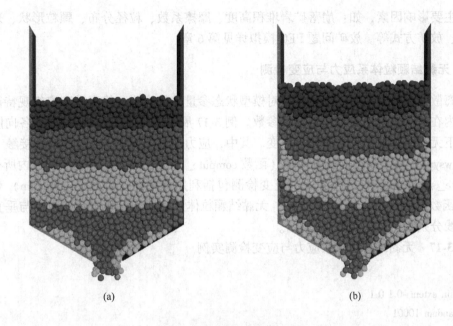

图 3-5 漏斗流模型过程状态
（a）均匀流（低摩擦）；（b）漏斗流（高摩擦）

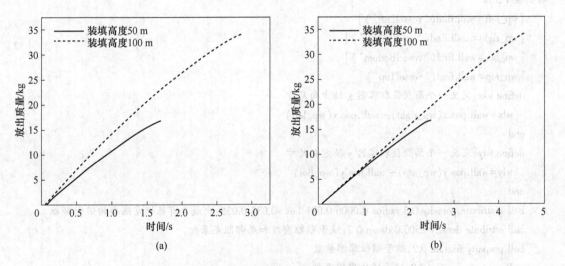

图 3-6 放出颗粒累计质量随时间变化曲线
（a）低摩擦；（b）高摩擦

根据例 3-16 模拟结果分析可知：颗粒摩擦系数和装填高度对放出速率和流动模式均有显著影响。随着摩擦系数的增加，流动模式从均匀流（mass flow，见图 3-5（a））向漏斗流（funnel flow，见图 3-5（b））转变。同时，当颗粒和墙体的摩擦系数较小时，颗粒放出速率随装填高度的增加而增加，如图 3-6（a）所示；当颗粒和墙体的摩擦系数较大时，装填高度对颗粒放出速率的影响很小，如图 3-6（b）所示。

另外，借鉴漏斗流 Hopper Flow 实例，可以利用 FISH 语言编程实现崩落法放矿过程并探究其主要影响因素,如:崩落矿岩堆积高度、摩擦系数、粒径分布、颗粒形状、采场结构参数、放矿方式等。放矿问题PFC模拟详见第6章。

3.4.3 无黏结颗粒体系应力与应变检测

在离散元数值模拟中,往往需要对模型状态参量进行检测,找出模型宏细观特征与参数间的内在关联,进而确定细观力学参数。例3-17展示了使用FISH函数检测各向同性压缩条件下无黏结颗粒体系的应力与应变。其中,应力检测包括基于相对的两墙接触(函数wsxx和wsyy)、基于模型内所有接触(函数compute_averagestress)和基于圆域内所有接触(compute_spherestress)三种方式;应变检测包括利用测量圆(函数ini_mstrain)和固定边界(函数wexx和weyy)两种方式。无黏结颗粒体系模型最终状态及其水平与垂直应力演化曲线分别如图3-7和图3-8所示。

例3-17 无黏结颗粒体系应力与应变检测实例

```
new
domain extent -0.1 0.1
set random 10001
cmat default model linear method deformability emod 1.0e8 kratio 1.5
wall generate name 'vessel' box -0.035 0.035 expand 1.5 ;创建一个方形容器(墙体),组成该墙体的每面墙扩展1.5倍
[wp_left=wall.find('vesselLeft')]
[wp_right=wall.find('vesselRight')]
[wp_bot=wall.find('vesselBottom')]
[wp_top=wall.find('vesselTop')]
define wlx ;定义一个函数获取容器x轴方向尺寸
    wlx=wall.pos.x(wp_right)-wall.pos.x(wp_left)
end
define wly ;定义一个函数获取容器y轴方向尺寸
    wly=wall.pos.y(wp_top)-wall.pos.y(wp_bot)
end
ball distribute porosity 0.2 radius 0.0006 0.001 box -0.035 0.035 ;生成具有目标空隙率的若干颗粒
ball attribute density 2500.0 damp 0.7 ;赋予颗粒密度和局部阻尼系数
ball property friction 0.2 ;赋予颗粒摩擦系数
wall property friction 0.0 ;赋予墙体摩擦系数
cycle 1000 calm 10
solve aratio 1e-5
calm
define wsxx ;基于相对的两墙接触计算平均应力
    wsxx=0.5 * (wall.force.contact.x(wp_left)-wall.force.contact.x(wp_right))/wly
end
define wsyy ;基于相对的两墙接触计算平均应力
    wsyy=0.5 * (wall.force.contact.y(wp_bot)-wall.force.contact.y(wp_top))/wlx
end
```

```
define compute_averagestress ;基于模型内所有接触计算平均应力
    global asxx = 0.0
    global asxy = 0.0
    global asyx = 0.0
    global asyy = 0.0
    loop foreach local contact contact.list("ball-ball")
        local cforce = contact.force.global(contact)
        local cl = ball.pos(contact.end2(contact)) - ball.pos(contact.end1(contact))
        asxx = asxx + comp.x(cforce) * comp.x(cl)
        asxy = asxy + comp.x(cforce) * comp.y(cl)
        asyx = asyx + comp.y(cforce) * comp.x(cl)
        asyy = asyy + comp.y(cforce) * comp.y(cl)
    endloop
    asxx = -asxx / (wlx * wly)
    asxy = -asxy / (wlx * wly)
    asyx = -asyx / (wlx * wly)
    asyy = -asyy / (wlx * wly)
end
define compute_spherestress(rad) ;基于圆域内所有接触计算平均应力
    command
        contact group insphere remove
        contact groupbehavior contact
        contact group insphere range circle radius @rad
    endcommand
    global ssxx = 0.0
    global ssxy = 0.0
    global ssyx = 0.0
    global ssyy = 0.0
    loop foreach contact contact.groupmap("insphere","ball-ball")
        local cf = contact.force.global(contact)
        local cl = ball.pos(contact.end2(contact)) - ball.pos(contact.end1(contact))
        ssxx = ssxx + comp.x(cf) * comp.x(cl)
        ssxy = ssxy + comp.x(cf) * comp.y(cl)
        ssyx = ssyx + comp.y(cf) * comp.x(cl)
        ssyy = ssyy + comp.y(cf) * comp.y(cl)
    endloop
    local vol = (math.pi * rad ^ 2)
    ssxx = -ssxx / vol
    ssxy = -ssxy / vol
    ssyx = -ssyx / vol
    ssyy = -ssyy / vol
end
define ini_mstrain(sid) ;利用测量圆计算平均应变
```

```
    command
        ball attribute displacement multiply 0.0
    endcommand
    global mstrains = matrix(2,2)
    global mp = measure.find(sid)
end
define accumulate_mstrain ;计算累积应变
    global msrate = measure.strainrate.full(mp) ;msrate 为张量
    global mstrains = mstrains + msrate * global.timestep
    global xxmstrain = mstrains(1,1)
    global xymstrain = mstrains(1,2)
    global yxmstrain = mstrains(2,1)
    global yymstrain = mstrains(2,2)
end
[wly = wall.pos.y(wp_top) - wall.pos.y(wp_bot)] ;计算上下两墙的间距
[wlx = wall.pos.x(wp_right) - wall.pos.x(wp_left)] ;计算左右两墙的间距
define wexx ;利用两墙位移计算平均应变
    wexx = (wlx- lx0)/ lx0 ;lx0 为左右两墙的初始间距
end
define weyy
    weyy = (wly- ly0)/ ly0 ;ly0 为上下两墙的初始间距
end
[ly0 = wly]
[lx0 = wlx]
[v0 = wlx * wly]
[txx = -5.0e5]
[tyy = -5.0e5]
wall servo activate on xforce [ txx * wly] vmax 0.1 range set name 'vesselRight' ;设置墙体伺服控制的活动状态和参数
wall servo activate on xforce [ -txx * wly] vmax 0.1 range set name 'vesselLeft'
wall servo activate on yforce [ tyy * wlx] vmax 0.1 range set name 'vesselTop'
wall servo activate on yforce [ -tyy * wlx] vmax 0.1 range set name 'vesselBottom'
define servo_walls ;依据 wlx 和 wly 的变化调整墙体的伺服力
    wall.servo.force.x(wp_right) = txx * wly
    wall.servo.force.x(wp_left) = -txx * wly
    wall.servo.force.y(wp_top) = tyy * wlx
    wall.servo.force.y(wp_bot) = -tyy * wlx
end
set fish callback 9.0 @servo_walls
history id 51 @wsxx ;记录水平应力
history id 52 @wsyy ;记录垂直应力
history id 53 @wexx ;记录水平应变
history id 54 @weyy ;记录垂直应变
```

```
calm
[tol = 5e-3]
define stop_me;确定停止条件
    if math.abs((wsyy-tyy)/tyy) > tol
        exit
    endif
    if math.abs((wsxx-txx)/txx) > tol
        exit
    endif
    if mech.solve("aratio") > 1e-6
        exit
    endif
    stop_me = 1
end
ball attribute displacement multiply 0.0
solve fishhalt @stop_me
measure create id 1 rad [0.4 * (math.min(lx0,ly0))]
@compute_spherestress([0.4 * (math.min(lx0,ly0))])
@compute_averagestress
save compact_specimen
return
```

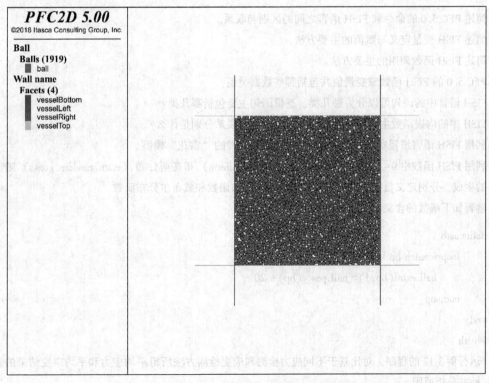

图 3-7　无黏结颗粒体系模型最终状态

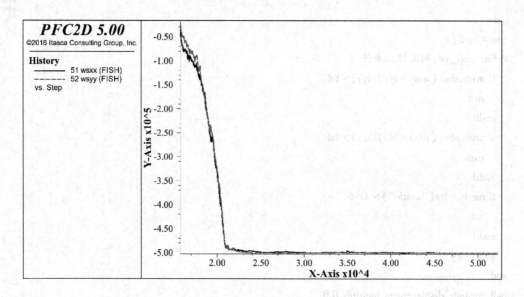

图 3-8　无黏结颗粒体系模型水平与垂直应力演化曲线

习　题

3-1　简述 PFC 5.0 的命令和 FISH 语言之间的区别与联系。

3-2　简述 FISH 变量定义与赋值的主要方法。

3-3　简述 FISH 函数调用的主要方法。

3-4　PFC 5.0 的 FISH 函数或变量值共包括哪些数据类型？

3-5　FISH 语言中的语句可以分为哪几类，逻辑语句主要包括哪几类？

3-6　FISH 中的内嵌函数主要包括哪几类，各自区别与联系分别是什么？

3-7　利用 FISH 语言编程实现如图 3-9 所示规则排列颗粒的"雪花"模型。

3-8　利用 FISH 函数中 0~1 均匀分布（math.random.uniform）和高斯分布（math.random.guass）随机数的生成，分别定义负指数分布函数、对数正态分布函数和威布尔分布函数。

3-9　解释如下函数的含义：

define ustb
　　loop foreach bp ball.list
　　　　ball.extra(bp,1) = ball.pos.y(bp) + 20
　　endloop
end
@ustb

3-10　运行例 3-17 的程序，对比基于不同应力检测和应变检测方法所得平均应力和平均应变结果的差异性并分析原因。

习　题

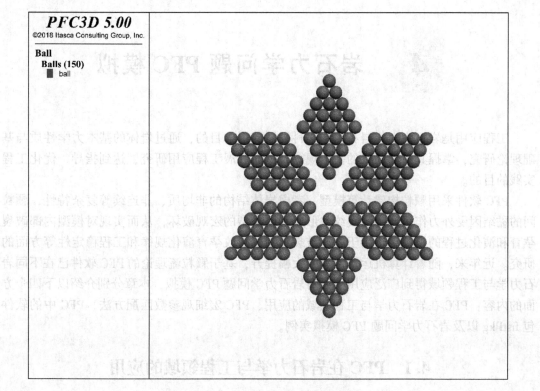

图 3-9 "雪花"模型生成效果

4 岩石力学问题 PFC 模拟

工程应用是岩石力学与岩石工程学科发展的根本目的，通过岩体的基本力学性质与基础理论研究，掌握其力学性状的基本规律，进而开展工程应用研究，达到指导、优化工程实践的目的。

PFC 软件采用颗粒构建计算模型，考虑岩体结构的非均质、非连续等复杂特性，颗粒间的黏结因受外力作用产生微裂纹并形成不同类型的宏观破坏，从而实现对模型内部破裂孕育和演化过程的模拟，适用于岩体破裂机制、裂纹孕育演化规律和工程稳定性等方面的研究。近年来，随着计算机运算性能的大幅提升，基于颗粒流理论的 PFC 软件已在不同岩石力学与工程领域得到广泛应用。针对岩石力学问题 PFC 模拟，本章分别介绍以下四个方面的内容：PFC 在岩石力学与工程领域的应用、PFC 宏细观参数匹配方法、PFC 中的软件包 fistPkg 以及岩石力学问题 PFC 模拟实例。

4.1 PFC 在岩石力学与工程领域的应用

PFC 利用颗粒和接触组成基本单元，模拟不同岩石材料的宏观力学性质和变形特性，目前已被广泛应用于节理岩体工程施工与方案优化（等效岩体技术）、岩石破裂过程声发射模拟、脆性岩石力学特性模拟、高温岩体力学模拟、连续-离散耦合模拟、离散-流体耦合模拟等岩石力学与工程领域。

4.1.1 等效岩体技术

岩体作为地质体，在漫长的地质年代中，经历过不同时期地质构造运动的作用，经受过变形、遭受过破坏，形成了赋存于复杂地质环境并具有特殊结构的一类介质。岩体的力学性质与岩体中存在的结构体、结构面及赋存环境密切相关。岩体内存在各种地质界面，包括物质分异面和不连续面，如褶皱、断层、层理、节理、片理等，这些不同成因、不同特性的地质界面统称为结构面。节理作为岩体中发育最为广泛的地质结构面，将岩体切割为不同大小的结构体，从而使岩体成为一种典型的非连续介质，表现出非连续、非均匀等特性。节理岩体的力学性质不仅受岩块自身性质的影响，还受节理的空间分布形态及其性质的控制。根据工程经验和岩石力学试验，可以发现：节理岩体强度总是低于岩石强度，前者通常为后者的 10%~20%，甚至更低。这是由于节理等结构面的存在，在岩体承载或卸载过程中，节理细观组构发生改变，形成裂纹并扩展、连通，削弱了岩石强度；同时，由于节理面的产状复杂，岩体力学参数呈现各向异性的特点。

等效岩体技术既能够考虑岩体中实际存在的空间分布复杂的节理构造及其力学特性，又能够从细观破裂机理上考虑节理对岩体力学参数弱化的本质，同时能够直接分析工程规模的岩体。等效岩体技术是以颗粒流理论为基础，以 PFC 软件（4.0 版）为实现平台，由黏结颗粒体模型和平滑节理模型两项技术构成，分别表征岩体中的岩块和节理。

在等效岩体技术实施过程中，首先，通过室内力学试验，匹配获得黏结颗粒体模型和光滑节理模型的细观力学参数；其次，基于现场节理地质调查及统计结果，建立随机节理三维网络模型；再次，将节理三维网络模型嵌入黏结颗粒体模型中，构建能够充分反映工程岩体节理分布特征的等效岩体模型；最后，对等效岩体模型进行一定应力路径的加卸载数值试验，便可从宏观和细观角度同时研究节理岩体的尺寸效应、各向异性、破裂过程、峰后状态等力学特性，也可建立具有现场结构面分布特征的工程计算模型，探究边坡、隧道等工程在施工过程中的岩体变形与破坏规律。

总之，与传统的工程岩体分级等经验方法相比，利用等效岩体技术能够较好地再现节理岩体承载过程中的全应力-应变曲线，从而获得节理岩体的强度特性、变形特性、尺寸效应、各向异性、破裂效应等量化特征。作为一种全新的研究方法，通过等效岩体技术获取的节理岩体各类宏观力学参数，最终可为现场岩体工程的设计、施工、监测、支护和管理等提供有益参考。

4.1.2 岩石破裂过程声发射模拟

岩石破裂过程是岩石力学领域的热点研究课题之一。近十几年来，国内外已广泛采用声发射技术监测岩石破裂过程和失稳机制。岩石在外力、内力或温度的影响下，局部区域产生塑性变形或有裂纹形成和扩展时，伴随着应变能迅速释放而产生瞬态弹性波的现象，称为声发射（acoustic emission，AE）。

地震、微震和声发射的破裂强度一般服从指数分布形式。在颗粒流细观破裂模拟过程中，若将每次微破裂视作一次独立的声发射事件，根据微破裂反演的震源信息计算破裂强度，则所有声发射事件的破裂强度几乎一致，这不符合室内试验和现场监测得到的声发射破裂强度分布规律。因此，在采用PFC软件模拟声发射中，若多个黏结破裂发生的时空相近，则认为这些黏结破裂属于同一个声发射事件，即一个声发射事件可以是单一的微裂纹，也可由多个微裂纹构成。在地震学中，通过记录震源释放出的动力波可反演获取震源信息，目前常采用矩张量理论研究震源信息。在颗粒流理论中，矩张量可以视为将作用在颗粒表面上所有接触力产生的相应位移等效为体力所产生的相同效果。PFC程序中，若根据记录的动力波转换成矩张量，计算过程将十分复杂。由于颗粒的受力及其产生的运动可以在模型中直接获取，根据黏结破坏时周围颗粒接触力的变化进行矩张量计算较易实现。

定义微裂纹两端原先接触的颗粒为源颗粒，其间的黏结破坏（微破裂）后，由于源颗粒位置发生移动，源颗粒上的接触产生变形，从而引起接触力变化。微破裂的作用区域即为以微破裂中心为圆心，作用半径为最大源颗粒直径。因此，将源颗粒上所有接触的接触力变化量乘以对应的力臂（接触点位置与微裂纹中心距离），求和运算即得到矩张量分量。若声发射事件中仅包含一条微裂纹，则声发射事件的空间位置即为微裂纹的中心位置；若声发射事件中包含多条微裂纹，则所有微裂纹的几何中心即为声发射事件的空间位置。

为了确定声发射事件持续时间，一般假定岩石中破裂扩展速度为剪切波速的一半。对于声发射事件破裂范围，需根据持续时间和包含的破裂裂纹数目确定。从微裂纹产生时刻起，至微破裂引起的剪切波传播至微破裂作用区域内边界的时间，记为t_{shear}^i，声发射事件持续时间t_{duration}^i为t_{shear}^i的2倍。在声发射事件持续时间t_{duration}^i内，每一时步均重新计算矩张量；若 t_{duration}^{i} 内该微破裂作用区域内没有新的微裂纹产生，则此次声发射事件仅包含一条微裂纹；若 t_{duration}^{i} 内有新的微破裂产生且其作用区域与旧的微破裂作用区域重叠，则该微裂纹被认为属于同一声发射事件，此次声发射包含多条微裂纹，而源颗粒区域被叠加，持续时间被重新计算并延长。

以颗粒流理论和 PFC 软件为平台，根据矩张量理论建立的声发射模拟方法，可弥补声发射室内试验定位精度的不足，同时获取声发射事件发生的时间、空间、破裂强度等特征，再现岩石裂纹孕育、扩展和贯通过程，为岩石破裂机制和声发射特性的科学分析、判别与验证提供有力支撑。

4.1.3 脆性岩石力学特性模拟

对岩石变形规律和破裂机制的研究是岩石力学界的持久难题之一。岩石因形成过程、组成成分、赋存地质环境的复杂性，呈现出不连续性、非均匀性、各向异性和峰后脆延性等特征，进而增加了准确获取岩石力学性质的不确定性。一般通过室内试验或原位试验得到的岩石力学性质包括：单轴抗拉强度、单轴抗压强度、三轴抗压强度、黏聚力和内摩擦角等强度参数，弹性模量、泊松比等变形参数，Ⅰ类脆性、Ⅱ类脆性和塑性、延性等峰后行为。试验表明：岩石试验结果具有很大的离散性，即使在同一区域的同一种类岩石，也会表现出不同的变形特征和强度参数。完整脆性岩石的室内试验通常会呈现三个显著特征：高压拉比、大内摩擦角以及强度包络线为非线性。

颗粒离散单元法在模拟岩石或类岩石问题上发挥着越来越重要的作用，但也存在一些缺陷。通过深入分析标准黏结颗粒体模型 BPM 的结构特征和本构关系，总结了造成标准 BPM 显著缺陷的四个原因：(1) 圆盘或球形颗粒不能提供足够的自锁效应；(2) 平行黏结和圆盘或球形颗粒不能提供合适的旋转阻抗；(3) 黏结接触的剪切强度与法向应力无关；(4) 缺少预制裂纹。针对标准 BPM 在模拟岩石脆性特性方面存在的显著缺陷，可通过改变颗粒形状和修改接触本构模型两方面对其进行改进。

等效晶质模型修改球形颗粒为不规则形状，增加了颗粒的自锁效应，能够有效表达岩石颗粒的性质以及颗粒间的相互作用关系。等效晶质模型由颗粒体模型和光滑节理模型共同构建，两者分别表征岩石中的晶质体和晶质网络结构面。晶质网络结构由覆盖整个计算区域的不规则多边形网格组成，网格之间没有间隙。网格的边界可以在计算区域内部（毗邻两个网格），也可以在计算区域边界上（毗邻单个网格）。因此，每个多边形网格及其边缘分别对应于晶质体及其之间的网络结构面。表征晶质体的颗粒体模型类似于胶结的岩石颗粒体材料，表征晶质网络结构面的光滑节理模型类似于岩石颗粒体材料之间的黏结面。晶质体破裂时，由其内部颗粒体模型破坏表示；晶质网络结构面破裂时，则由其通过处的光滑节理模型破坏表示。

另外，与标准 BPM 相比，平节理模型 FJM 从四个方面进行了改进：(1) 通过引入参数"安装间距（installation gap）"，增加颗粒自锁效应；(2) 将颗粒间接触面离散为多个抽象面，提供合适的旋转阻抗；(3) 通过黏结单元和非黏结单元两种接触单元类型，植入与应力相关的剪切强度；(4) 通过类型 G 和类型 S 两种非黏结单元，引入预制裂纹。因此，平节理模型不仅保持了标准 BPM 的高计算效率，而且从上述四个方面进行了改进，为脆性岩石的破裂机制与强度特性研究奠定了模型基础。

4.1.4 高温岩体力学模拟

在高地温、高地应力条件下进行地下工程开挖，受岩性、地应力、温度等因素影响，围岩表现出与浅部赋存条件下显著不同的力学行为，致使其强度特性、变形机理和破坏模式等均难以采用传统理论加以科学解释。高温作用下岩（石）体的力学行为及损伤破裂机理研究是增强型地热系统、核废物地下处置工程等深部地下工程中围岩失稳演化分析的理论基础。

利用 PFC 软件中的热固耦合模块可再现岩石材料受不均匀温度场的影响，内部产生温度应力及开裂的过程，也可从细观层面分析岩石矿物颗粒在高温作用下内部微裂纹的萌生与发育过程，定量研究岩石在高温作用下变形及强度特性的变化。高温岩体力学 PFC 模拟过程与结果分析详见第 4.4 节"高温条件下砂岩巴西劈裂 PFC 模拟实例"。

近年来随着深地工程的迅速发展，高温岩体力学已成为研究热点之一。因此，以颗粒流理论和 PFC 软件为平台，针对深部地下工程硬脆性岩石在高温作用下的失稳诱发条件、孕育演化机理开展基础研究，与重大工程建设中的生产安全和经济效益密切相关，符合国家中长期发展战略及社会可持续发展需求。

4.1.5 连续-离散耦合模拟

对采矿工程和岩土工程稳定性问题的研究多采用有限元、有限差分等连续介质分析方法。然而，由于岩土体宏观的失稳破坏均是细观结构累积变形发展的结果，而对该类问题采用连续元分析难以从细观角度揭示其力学机理。

连续-离散耦合是对岩土体破坏大变形区域或关注区域采用离散元进行精细化模拟，在离散元周围区域采用连续元模拟。离散域为模拟分析的重点，连续域是为了减少边界效应，在非破坏区域扩大计算范围。连续-离散耦合的过程是在迭代计算过程中，遵循连续单元节点的虚功原理和离散元颗粒的牛顿第二定律，通过耦合边界不断传输交换力和速率等数据，并通过时步控制，确保离散域与连续域计算数据的一致性与连续性，进而实现从连续和离散的宏细观协同角度综合分析介质的力学行为过程。连续域受到外部荷载或处于重力场作用，每个计算时步内连续域单元节点将速度值传递至离散域边界颗粒，进而在离散域材料内部产生位移和接触力，并将生成的力同样经耦合边界的颗粒传递至连续域的单元节点，完成耦合的循环运算。而离散域在嵌入连续域进行耦合初始化设置前，是模拟连续域主体中的应力场，一般对离散域试样进行应力加载初始化，以确保耦合进程开始时，连续单元节点的力和位移数据不会对嵌入的离散域产生过大的变形影响。

基于有限差分理论及颗粒流理论，以 FLAC 和 PFC 软件为实现平台，通过将颗粒体模型嵌入有限差分网格内部空域，建立连续元与离散元计算数据交换传输算法，构建连续-离散耦合模型，可避免大型颗粒体模型计算效率低下的缺陷，从而大幅提高模型整体运算效率，并为复杂条件下各类采矿工程和岩土工程问题的宏细观协同分析提供有力支撑。

4.1.6 离散-流体耦合模拟

渗流是造成采矿工程和岩土工程失稳的重要因素之一。在工程实践中，由于渗透性质的复杂性和边界条件的不确定性，常常致使数值计算渗流影响与实际测试结果相距甚远，因此存在大量的经验方法。

颗粒流方法能够对岩土体与水、气、多相混合物等多种流固耦合问题进行数值仿真。不同工程问题中岩土体与水、瓦斯混合气体的流固耦合机理千差万别，许多情况下没有必要采用精细且高度耦合模式进行建模和求解，而采用各种恰当的近似手段既能够捕捉到各个具体工程问题中的流固耦合运行机制，又充分减少了程序计算量及运行时间。PFC 软件中提供了四种模拟方案：（1）通过 FISH 语言及回调函数添加和更新流体颗粒相互作用力；（2）通过液桥接触模型考虑湿颗粒之间的液桥力和黏性力作用；（3）通过内置计算流体动力学 CFD 模块与外部流体求解器耦合考虑复杂流场的作用；（4）通过大量颗粒直接表示流体和固体以考虑材料的流变特性。

PFC3D 5.0 程序中包含了 CFD 模块，允许在 PFC3D 中解决一些流体-颗粒的相互作用问题。该模块提供了与 CFD 软件连接的命令和脚本函数，并通过最初由 Tsuji 等在 1993 年描述的基于体积平均的粗网格方法解决流体-颗粒相互作用问题。在粗网格方法中，描述流体流动的方程在一组比 PFC 颗粒更大的单元集合上进行数值求解。依据颗粒所在流体单元内的流体条件，流体作用力被分配至每个颗粒。流体-颗粒相互作用力的公式是精确的，且在孔隙度与雷诺数（湍流效应包含在流体-颗粒相互作用项中）的实际范围内平滑变化。通过流体单元上的均匀化，相应体力被施加至流体中。每个单元的孔隙度和流体拖曳力由颗粒属性的平均值计算获得。通过在 PFC 和流体求解器之间定期交换信息，实现双向耦合，这一信息同步与交换过程通常是通过 TCP 套接字通信完成。

利用 PFC 内置 CFD 模块与外部流体求解器耦合模拟复杂流场时，其流体特征尺度比 PFC 颗粒要大。任何基于流体-流动模型的连续方程均可和 PFC 耦合使用，包括纳维-斯托克斯方程和欧拉方程等。利用 CFD 模块处理流体问题时 PFC 进行了假设：（1）流体单元大于 PFC 颗粒；（2）流体属性分段线性分布于流体单元中；（3）流体单元不移动。CFD 模块能够提供的功能包括：（1）流体网格的读入；（2）流体速度、流体压力、流体压力梯度、流体黏度和流体密度的存储；（3）孔（空）隙率的计算；（4）循环求解过程中流体-颗粒相互作用力自动施加于颗粒。

以颗粒流理论和 PFC 软件为平台建立的离散-流体耦合模拟方法，能够为分析和解决实际工程中的各类渗流问题提供有益参考。

4.2　PFC 宏细观参数匹配方法

PFC 软件模拟过程中如何根据材料的宏观参数确定合理的细观参数，是建立模型前首先需要解决的问题。针对 PFC 宏细观参数匹配问题，本节依次介绍三个方面的内容：岩石力学问题 PFC 模拟步骤、传统宏细观参数匹配顺序以及宏细观参数匹配新方法。

4.2.1　岩石力学问题 PFC 模拟步骤

使用 PFC 软件解决岩石力学问题，通常主要包括以下步骤：

（1）明确研究问题。首先明确所要研究的问题中需要构建的模型类型、复杂程度及其基础参数，当模型过于复杂时需做必要的简化。

(2) 建立颗粒体模型。根据岩石的宏微观特征，生成具有一定尺寸和孔隙度的初始颗粒集合体，建立边界墙并消除浮点颗粒。

(3) 选择接触本构模型。依据岩石力学问题的研究对象和目的，选择合适的接触类型（通常使用平行黏结模型和平节理模型），并赋予刚度、摩擦系数、黏结强度等细观力学参数，使模型达到初始平衡状态。

(4) 宏细观参数匹配。试样尺度上细观力学参数的调试，通常选取弹性模量、泊松比、起裂应力、强度包络线等作为比较对象。宏细观参数匹配是 PFC 模拟中的核心步骤，将在第 4.2.2 节中详细介绍。

(5) 设置约束条件。根据研究目的，进行单轴压缩、双轴压缩、三轴加卸载、直接拉伸、巴西劈裂、直接剪切等岩石力学问题数值模拟。

(6) 运行前完善模型。对需要研究的变量进行监测、记录以方便后续分析，监测时间步长间隔不宜过大或过小。

(7) 分析模拟结果。将岩石力学数值模拟结果以图像和数据的形式输出，对模拟结果进行系统分析以得到可靠结论。

4.2.2 宏细观参数建议匹配顺序

PFC 软件模拟过程中颗粒和接触本构模型的细观参数与通常意义上的宏观参数存在较大区别，因此 PFC 数值模型一般通过试错法反演材料的细观参数，即基于假定的细观参数进行一定数量的单轴、双轴和三轴等数值试验，直至计算结果和材料宏观性质近似一致。以岩体材料为例，当已知地质强度指标、单轴抗压强度等宏观参数后，根据 Hoek-Brown 强度准则，可获得不同围压条件下的岩体峰值强度曲线。在给定一组细观参数情况下，利用 PFC 软件进行不同围压条件下的双轴试验，可获得不同围压与峰值强度的关系，并与通过宏观参数确定的 Hoek-Brown 强度包络线进行比较，确定可反映岩体宏观力学特性的细观参数。

4.2.2.1 材料宏细观参数的关联性

通常，PFC 软件模拟过程中的材料细观参数与宏观参数大致存在如下关系：

(1) 材料的弹性模量与接触刚度近似呈线性关系。

(2) 材料的泊松比与试样几何尺寸及切向与法向接触刚度比相关。

(3) 材料的峰值强度与摩擦系数、黏结强度正相关。若仅给定摩擦系数，材料将表现出塑性或较缓和的软化特征；当围压（侧向压力）增加时，摩擦系数对峰值强度的贡献大于黏结强度的贡献，因此在高围压条件下材料的塑性（延性）特征更为明显。

(4) 材料的峰值强度与安装间距比值正相关。安装间距比值越大，单个颗粒周围的黏结数目越多，则颗粒的自锁效应越强，材料的峰值强度越大。

(5) 材料的破裂模式与黏结内聚力和抗拉强度的比值有关。该比值较大时，材料以脆性方式破坏；比值较小时，材料以延性方式破坏。

(6) 材料的峰后行为与摩擦系数和残余内摩擦角相关，后者主要在黏结破裂后发挥作用，若摩擦系数或残余内摩擦角较大，峰后行为将表现为延性。

(7) 在材料峰值强度后的加卸载过程，若采用接触黏结，弹性模量相对于初始值稍有降低；若采用平行黏结，加卸载过程中随着应变的增长，弹性模量将降低，当平行黏结破坏后，材料也将出现相应的累积损伤破坏。

（8）若黏结强度给定的是一个均值和标准差，而不是一个固定值，则峰值将更加扁平且更宽；对于一个初始密度较大的数值试验，峰后体积的增加更为明显。

4.2.2.2 传统宏细观参数匹配过程

在了解上述 PFC 模型中材料细观参数与宏观结果的基本关系后，可按照下述步骤进行调试，获取合理的材料细观参数组合。

（1）弹性模量调试。将法向和切向黏结强度定义为较大值，保持其他参数固定不变；然后同时调整颗粒和黏结有效模量，直至获取理想的材料宏观弹性模量。在颗粒和黏结刚度比不变的情况下，材料宏观弹性模量随细观有效模量的增大而增大；当细观有效模量固定时，材料宏观弹性模量随细观刚度比的增大而减小。

（2）泊松比调试。固定获取的细观有效模量，调整颗粒和黏结刚度比，直至获取理想的材料泊松比。材料泊松比一般随细观刚度比的增大而增大。

（3）单轴抗压强度的调试。当获取合适的宏观弹性模量和泊松比后，采用直接拉伸试验或者巴西劈裂试验调试黏结抗拉强度，通过单轴压缩试验调试黏结抗压强度。调试时，首先将法向和切向黏结强度的标准差设为零，然后调整黏结强度平均值直至获得所需的宏观强度。由于法向和切向黏结强度的比值影响破坏行为，调试时需保持该比值不变。

（4）起裂应力调试。在获取合理的黏结强度平均值后，逐渐增加其标准差，调整直至获得相应起裂应力。起裂应力与黏结强度标准差及法向与切向黏结强度比值相关，该应力随比值的增加而降低。此外，材料单轴抗压强度也会降低，故需重复步骤（3）和（4）进行调试。

（5）峰后行为调试。材料破坏行为受摩擦系数或残余内摩擦角的影响，摩擦系数或残余内摩擦角越大，塑性破坏越明显，反之脆性破坏越明显。

（6）强度包络线调试。材料强度包络线的斜率受法向与切向黏结强度比值的影响，降低该比值会使强度包络线斜率增加，但增幅有限。

在上述传统宏细观参数匹配过程中，每一步可能会改变前一步的结果，因此每一步结束后均可能需要重复之前的步骤进行调试，直至获得较为满意的细观参数组合。另外，匹配的步骤并不唯一，初始阶段也可以同时改变两种以上细观参数，加快匹配速度。

4.2.3 宏细观参数匹配新方法

目前，颗粒体模型细观力学参数的确定主要采用传统宏细观匹配方法实现。通过反复调试细观力学参数以获取期望的宏观力学参数，调试过程带有较大的盲目性，需耗费科研人员大量的时间和精力。由于 PFC 模型模拟过程中细观参数与宏观结果存在高度的非线性关系，目前已有部分学者采用人工智能理论方法，探索 PFC 模型细观参数调试的新途径。

4.2.3.1 BP 神经网络模型

人工神经网络具有较强的非线性动态处理能力，可实现高度非线性映射。基于 PFC3D 程序，通过建立 BP（back propagation）神经网络模型，采用随机数据样本对网络模型进行训练，获取材料宏观与细观参数之间的非线性映射。利用训练完成的网络模型，针对不同的宏观力学参数，实现对应细观力学参数的快速、准确反演，为宏细观参数匹配提供新的技术手段。

BP 神经网络模型的工作原理为：在一个三层 BP 神经网络模型中，设网络输入向量 $P_k = (a_1, a_2, \cdots, a_n)$；网络目标向量 $T_k = (y_1, y_2, \cdots, y_q)$；中间层单元输入向量 $S_k = (s_1, s_2, \cdots, s_p)$，输出向量 $C_k = (c_1, c_2, \cdots, c_q)$；输入层至隐含层的连接权 w_{ij}，$i = 1, 2, \cdots, n$，$j = 1, 2, \cdots, p$；隐含层至输出层的连接权 v_{jt}，$j = 1, 2, \cdots, p$，$t = 1, 2, \cdots, p$；隐含层各单元的输出阈值 θ_j，$j = 1, 2, \cdots, p$；输出层各单元的输出阈值 γ_j，$j = 1, 2, \cdots, p$；参数 $k = 1, 2, \cdots, m$。

网络训练过程如下：

(1) 初始化，为每个连接权 w_{ij}、v_{jt}、阈值 θ_j 与 γ_j 赋予区间 $(-1, 1)$ 内的随机值。

(2) 向网络提供随机选取的一组输入和目标样本 $P_k = (a_1^k, a_2^k, \cdots, a_q^k)$、$T_k = (y_1^k, y_2^k, \cdots, y_q^k)$。

(3) 利用输入样本 $P_k = (a_1^k, a_2^k, \cdots, a_q^k)$、连接权 w_{ij} 和阈值 θ_j 计算隐含层各单元的输入 s_j，然后通过传递函数计算隐含层各单元的输出 b_j。其中，

$$s_j = \sum_{i=1}^{n} w_{ij} a_i - \theta_j \qquad j = 1, 2, \cdots, p \tag{4-1}$$

$$b_j = f(s_j) \qquad j = 1, 2, \cdots, p \tag{4-2}$$

(4) 利用隐含层的输出 b_j、连接权 v_{jt} 和阈值 γ_j 计算输出层各单元的输出 L_t，然后通过传递函数计算输出层各单元的响应 C_t。其中，

$$L_t = \sum_{j=1}^{p} v_{jt} b_j - \gamma_t \qquad t = 1, 2, \cdots, q \tag{4-3}$$

$$C_t = f(L_t) \qquad t = 1, 2, \cdots, q \tag{4-4}$$

(5) 利用网络目标向量 $T_k = (y_1^k, y_2^k, \cdots, y_q^k)$ 和网络的实际输出 C_t，计算输出层的各单元一般化误差 d_t^k。

$$d_t^k = (y_t^k - C_t) \cdot C_t \cdot (1 - C_t) \qquad t = 1, 2, \cdots, q \tag{4-5}$$

(6) 利用连接权 v_{jt}、输出层的一般化误差 d_t 和隐含层的输出 b_j 计算中间层各单元的一般化误差 e_j^k。

$$e_j^k = \left(\sum_{t=1}^{q} d_t \cdot v_{jt} \right) \cdot b_j \cdot (1 - b_j) \tag{4-6}$$

(7) 利用输出层各单元的一般化误差 d_t^k 与隐含层各单元的输出 b_j 修正连接权 v_{jt} 和阈值 γ_j。其中，

$$v_{jt}(N+1) = v_{jt}(N) + \alpha \cdot d_t^k \cdot b_j \tag{4-7}$$

$$\gamma_t(N+1) = \gamma_t(N) + \alpha \cdot d_t^k \tag{4-8}$$

其中，$t = 1, 2, \cdots, q$；$j = 1, 2, \cdots, p$；$0 < \alpha < 1$。

(8) 利用隐含层各单元的一般化误差 e_j^k、输入层各单元的输入 $P_k = (a_1, a_2, \cdots, a_n)$，修正连接权 w_{ij} 和阈值 θ_j。其中，

$$w_{ij}(N+1) = w_{ij}(N) + \beta \cdot e_j^k \cdot a_i^k \tag{4-9}$$

$$\theta_j(N+1) = \theta_j(N) + \beta \cdot e_j^k \tag{4-10}$$

其中，$i = 1, 2, \cdots, n$；$j = 1, 2, \cdots, p$；$0 < \beta < 1$。

(9) 随机选取下一个学习样本向量提供给网络，返回至步骤（3），直到 m 个训练样本训练完毕。

(10) 重新从 m 个学习样本中随机选取一组输入和目标样本，返回步骤（3），直至网络全局误差 e 小于预先设定的一个极小值，即网络收敛。若学习次数大于预先设定值，则网络无法收敛。

通常，经过训练的网络应当进行性能测试。测试方法是：选择测试样本向量，将其提供给网络，检验网络对其分类的正确性。测试样本向量中应该包括今后网络应用过程中可能遇到的主要典型模式。在对网络进行训练之前，由于样本数据量纲不同，应对包括输入和输出数据在内的所有样本数据进行归一化处理，消除奇异样本数据，归纳同一样本数据统计分布特性，加快网络学习和计算收敛效率。同理，仿真结果需进行反归一化处理，处理后的数据为真实结果。

4.2.3.2 微粒群优化算法

微粒群优化（particle swarm optimization，PSO）算法是一种进化计算技术，由 Eberhart 博士和 Kennedy 博士于 1995 年提出，其基本思想是通过群体中个体之间的协作和信息共享寻找最优解，具有易实现、调整参数少、收敛速度快、解质量高、鲁棒性好等优点。PSO 算法在数据聚类、历史拟合、模式识别、生物系统建模、流程规划、信号处理、机器人控制、决策支持以及仿真与系统辨识方面均有广泛应用。PSO 算法中微粒的适应值取宏观力学参数模拟计算值和试验值之间的误差平方和，采用 OpenMP 技术实现 PSO 微粒群的优化和算法的并行计算。根据选择的黏结模型，确定微粒群搜索空间的维数，对微粒群的位置和速度进行归一化并计算微粒群的适应值，以寻找其对应的最优解。以岩石的宏观参数作为输入参数，可快速准确地反演出 PFC 模型对应的细观参数，因此可认为该方法是一种高效自动的 PFC 模型细观参数反演方法。

4.2.3.3 组合优化理论

采用灰色田口方法、响应面方法和马氏距离测量方法的组合优化理论进行 PFC 模型细观参数调试，可为研究目标与其主要控制因素之间的快速匹配提供有效途径。首先，该方法采用灰色关联分析和因子筛选方法得到影响宏观参数的主要细观参数；然后，基于响应曲面设计或中心复合试验设计和方差分析方法，建立一种定量化的相应模型来描述宏观参数与筛选出的主要细观参数之间的关系，利用马氏距离理论对这些响应模型进行优化；最后，基于优化模型，实现细观参数和宏观参数之间的快速匹配。该方法建立的优化模型较为合理，可用于预测不同细观参数组合下宏观参数的响应。

采用人工智能方法调试获取 PFC 细观参数，虽然调试效率较高，但不可避免地存在一定的精度误差。若将人工智能方法与手动调试方法相结合，首先通过人工智能方法获取一组接近材料宏观性质的 PFC 模型细观参数，然后通过手动调试方法对获取的细观参数进行精细调试，最终可实现 PFC 模型细观参数匹配的高效性与准确性的统一。

4.3 PFC 中的软件包 fistPkg

PFC 采用大量的彼此接触的颗粒集描述现实材料介质的力学特性，这一描述方式有别于现有试验与规程规范方法，难以直接通过常规方式获得颗粒和接触参数等细观参数，因此依泰斯卡公司为 PFC 用户专门提供了用于颗粒材料数值试验及宏细观参数匹配的软件包 fistPkg（又称 FISHTank），这也是 PFC 软件有别于其他离散元软件的特色之一。用户基于此，作针对性修改即可形成满足自身特定研究需求的工作文件。

fistPkg 的研发源于工程咨询驱动，其初衷是研究加拿大深埋矿山花岗岩破裂扩展机制等复杂力学特性，随后作为软件包随 PFC 软件一起发布供用户免费使用。fistPkg 提供的简单易用的流程化操作功能，显然有助于用户集中精力进行材料力学特性研究与应用，规避了在程序开发与定制环节非必要的时间投入。目前，fistPkg 已成为基于颗粒流方法开展岩石力学特性相关研究不可或缺的主流研究工具。自 1995 年 fistPkg 的前身 FISHTank 发布 1.0 版本以来，相关代码与功能日臻成熟灵活，在 PFC 5.0 中将 FISHTank 更名为 fistPkg。另外，依据不同版本，fistPkg 在 PFC 5.0 中被命名为 fistPkg23、fistPkg24、fistPkg25 等。

fistPkg 包含一系列用于生成材料模型的 FISH 函数，主要针对岩土类的散体材料和黏结材料。该软件包提供了线性模型、线性接触黏结模型、平行黏结模型、平节理模型等多种常见内嵌接触本构模型，以及用户自定义模型（3D Hill 接触模型）生成多轴、圆柱以及球形试样。颗粒材料可以设置为球体（ball）或刚性簇（clump），边界可以设置为物理边界或周期性边界。对于所生成的试样能够进行一系列岩石力学室内试验的模拟，如压缩试验（包括无围压、有围压、单轴应变）、径向压缩试验（又称巴西劈裂试验）以及直接拉伸试验，并可对模拟试验材料进行细观结构监测以及黏结材料模型的裂纹监测等。

4.3.1 fistPkg 应用步骤与功能

fistPkg 基于 PFC 内置集成语言 FISH 开发，其功能主要依据现实物理试验而设计，因此其应用步骤主要包括如下主要环节：

（1）试样制备。依据材料组成结构特征（或级配）及几何形态由 pebbles、ball、wall 等构成的 PFC 模型。

（2）材料参数设置。输入已知或待校核确认的细观力学参数，包括颗粒属性和接触性质，且以后者为主。

（3）受力状态设定。依据数值试验类型，设定相应的边界条件，以及与其匹配的初始应力条件，完成模型受力状态的配置。

（4）加载模拟。实现与数值试验类型一致的加载模拟，模拟成果可用于开展破裂特征分析、本构关系（应力-应变关系）、能量转换等机制性研究；或者结合已知试验成果或经验认识评价选择的接触模型及细观力学参数的合理性，通过不断调整获取最终的模型和参数，即 PFC 模型宏细观参数匹配。

fistPkg 软件包的应用主要包括以下两个方面的内容：

（1）岩土材料数值模型试验。就主要功能而言，fistPkg 可理解为虚拟岩土力学试验室，其含有对包括压缩、拉伸、劈裂等一系列典型岩石力学试验从试样制备、伺服控制、试样加载、指标监测及成果解译在内的成套模拟技术，建立 PFC 模型材料与实际材料之间的联系。因此，fistPkg 软件包的用途首先在于研究材料在既定细观力学参数及荷载条件下的破裂特征和本构关系；此外，当对应于实际材料的细观力学参数为未知时，fistPkg 也可作为参数校核与标定的有力手段和工具。用户仅需在软件包的基础上调整所需试验的各种参数,即可进行岩石力学试验的模拟;用户也可在标准试验基础上进行修改、完善、补充自定义功能,完成更复杂试验问题的分析。

(2) 工程应用。大尺度工程模型的构建同样依据用于描述岩土体结构与几何形态的颗粒模型进行创建,而细观力学参数赋值及其边界条件定义和应力初始化等主要环节,与构建模型尺度试样的工作过程具有高度的相似性。因此,fistPkg 也可用于构建大尺度工程模型,如深埋地下硐室及边坡等。

4.3.2 fistPkg 文件夹构成

fistPkg 软件包主要包含三个文本文件(dirContents.txt、fistPkg-publicMods.txt、fistPkg-README.txt)和两个子文件夹(Documentation、ExampleProjects)。其中,"fistPkg-README.txt"简述了 fistPkg 软件包的特点,"fistPkg-publicMods.txt"是软件包升级说明文件,"dirContents.txt"则用于描述软件包中的文件构成。

文件夹 Documentation 主要提供的帮助文件内容见表 4-1。

表 4-1 文件夹 Documentation 主要提供的帮助文件内容

文件名	文件说明
fistPkg-Cover	软件包总论
fistPkg-Documentation	帮助文件
FlatJointContactModel [ver1]	平节理接触模型说明
HillContactModel [ver4]	Hill 接触模型说明
MatModelingSupport [fistPkg Version]	支持的材料模型
MatModelingSupport [fistPkg Version] ExampleMats1	支持的材料模型实例帮助
MatModelingSupport [fistPkg Version] ExampleMats2	
MatModelingSupport [fistPkg Version] ExampleMats3	
MatModelingSupport [fistPkg Version] Talk	支持材料模型的讨论
Potyondy (2015)-BPM_AsATool	平行黏结模型工具说明

文件夹 ExampleProjects(案例模板文件夹)是 fistPkg 软件包的核心构成内容,同时为二维和三维岩石力学试验模拟分别定制有功能文件夹(fistSrc)和案例模板文件夹两类。其中,功能文件夹 fistSrc 中的文件为实现包括试样制备、材料定义、边界条件及应力状态设定及加载控制在内的重点环节提供通用化功能函数文件,主要包括:"ft.fis"用于试样制备;"ct.fis"用于压缩试验加载控制;"tt.fis"用于拉伸试验加载控制;"dc.fis"用于劈裂试验加载控制;"ck.fis"用于裂纹监测。案例模板文件夹依照接触模型定义及参数设置的不同为 PFC 典型接触模型定制提供了标准化岩石力学试验应用研究案例,如常用的平行黏结模型 MatGen-ParallelBonded、平节理接触模型 FlatJointContactModel 等,每个接触模型案例模板文件夹采用 MatGen.p{2,3}prj、MatGen.p{2,3}dvr 文件进行颗粒模型项目管理。其中,MatGen.p{2,3}dvr 为项目驱动文件,其余为模型参数配置文件,如试样属性

参数文件 mvParams.p{2,3}dat 和细观力学参数配置文件 mpParams.p{2,3}dat。案例模板文件夹大多包含压缩（CompTest）、巴西劈裂（DiamCompTest）、直接拉伸（TenTest）三种数值试验的实现文件，对应的加载文件分别为 CompTest.p{2,3}dvr、DiamCompTest.p{2,3}dvr 和 TenTest.p{2,3}dvr。文件夹 ExampleProjects 的具体内容见表 4-2。

表 4-2 文件夹 ExampleProjects 的内容

文件名	文件说明
fistSrc	通用化功能函数文件
FlatJointContactModel	平节理接触模型
HillContactModel	Hill 接触模型
MatGen-ContactBonded	接触黏结模型材料
MatGen-FlatJointed	平节理模型材料
MatGen-Hill	Hill 模型材料
MatGen-Linear	线性接触模型材料
MatGen-ParallelBonded	平行黏结模型材料
MatGen&Test_AllMats-RUN.dvr	材料生成及试验驱动文件
MatGen&Test_AllMats-RUN.prj	材料生成及试验项目文件

案例模板文件在执行过程中会自动调用 fistSrc 文件夹中的功能文件，具体调用关系为：

（1）试样制备。文件 MatGen.p{2,3}dvr 调用 fistSrc 文件夹中的 ft.fis 文件，为试样制备提供通用功能。

（2）试样加载。加载文件 CompTest.p{2,3}dvr、DiamCompTest.p{2,3}dvr 和 TenTest.p{2,3}dvr 分别调用 fistSrc 文件夹中 ct.fis、dc.fis、tt.fis 文件实现伺服、加载速度等加载控制，此外还调用 ck.fis 文件用于在加载过程中监测裂纹的萌生与扩展指标。

4.3.3 试样制备

4.3.3.1 试样制备步骤

试样制备是利用 fistPkg 进行岩石力学数值试验的第一步工作。试样制备好之后，即可在加载试验中调用试样模型进行加载。试样制备可以分为四个步骤：（1）颗粒自由填充；（2）颗粒密实处理；（3）接触属性赋值定义；（4）应力初始化。

颗粒自由填充使用命令 {ball,clump} distribute 的特点：颗粒在试样范围内自由填充；颗粒之间允许重叠；初始孔隙比由参数 n_c(pk_nc) 控制。

$$n_c = (v_v - v_g)/v_g \tag{4-11}$$

式中，v_v 为试样面积（2D）/体积（3D）；v_g 为颗粒总面积/体积（不考虑颗粒重叠影响）。

颗粒自由填充操作的结果是在指定形态的试样边界内部形成松散颗粒集合，该集合体的基本特点是颗粒随机分布，颗粒间接触性质具有显著离散性和非均匀性。例如：若干颗粒可能会与其他颗粒形成大幅重叠，或者某些颗粒完全悬空、未与其他任何颗粒产生接触关系等。显然，颗粒集合描述的上述空间形态关系与实际材料的内部结构特征不符。因此，需对松散颗粒作优化处理，使得颗粒间形成合理的接触关系。该处理措施一般称为"密实处理"，目前常用的颗粒密实处理方法有墙体移动压缩和颗粒膨胀压缩两种。

墙体移动压缩方法是通过调整墙体位置（向试样内部方向移动）使颗粒运动而形成接触，从而达到密实状态的方法；颗粒膨胀压缩方法则是维持墙体不动即试样尺寸不变，通过缩放颗粒粒径的方式达到颗粒密实的目的。其中，墙体移动压缩方法仅适用于模拟物理试样的制备，一般适用于散体材料；颗粒膨胀压缩方法对模拟物理试样制备和周期性边界试样制备均适用，一般黏结类材料适用此种方法。需要说明的是，上述两种方法均基于前提假定，即微小的墙体移动或颗粒粒径变化均可导致颗粒内部接触力显著变化，因此可认为调整操作不会改变试样大小及其内部的颗粒级配性质。

生成试样及进行数值试验必要的通用文件见表4-3。

表4-3 试样制备模块通用文件构成

文件名	文件说明
MatGen&Test-RUN.p{2,3}dvr	材料生成及试验总控制文件（2D/3D）
MatGen.p{2,3}dvr	材料生成控制文件（2D/3D）
MatGen.p{2,3}prj	材料生成项目文件（2D/3D）
MatGen-MakePlots.p{2,3}dat	材料生成结果出图命令文件（2D/3D）
mpParams.p{2,3}dat	材料属性定义命令文件（2D/3D）
mvParams.p{2,3}dat	试样属性定义命令文件（2D/3D）

4.3.3.2 试样属性定义

A 试样基本属性定义

试样的基本属性（Material-Vessel Parameters）主要由 mvParams.p{2,3}dat 命令文件对全局参数进行定义与控制，全局参数主要包括以下四种类型。

（1）mv_type：试样类型，0-基本物理试样，1-周期性边界试样。

（2）mv_shape：试样形状，0-长方体，1-圆柱体，2-球体（不常用）。

（3）mv_{H,W,D}：试样截面内高度、宽度和轴向深度（3D-{z,y,x}，2D-{y,x,N/A}），球体直径为 H。

（4）mv_emod：颗粒材料与墙体的接触模量。

B 试样材料属性定义

试样的材料属性主要由 mpParams.p{2,3}dat 命令文件进行定义赋值，包括通用、填充和材料组，主要由三个 FISH 函数组成：mpSetCommonParams（通用参数）、mpSetPackingParams（材料填充参数）和 mpSetCBParams（接触黏结材料参数）。

材料通用物理属性（mpSetCommonParams）主要包括以下十二种。

(1) cm_matName：材料名称。

(2) cm_matType：接触材料类型，0-linear，1-contact bonded，2-parallel bonded，3-flat jointed，4-user-defined。

(3) cm_localDampFac：局部阻尼系数，一般默认为0.7。

(4) cm_densityCode：密度类型，0-grain 颗粒密度，1-bulk 整体密度。

(5) cm_densityVal：密度（其物理意义取决于 cm_densityCode）。

(6) cm_shape：颗粒类型，0-all balls，1-all clumps；用于定义创建试样，采用 pebble 元素类型。

(7) cm_nSD：颗粒粒径分布组数。

(8) cm_typeSD（nSD）：粒径分布类型，0-均匀分布，1-正态分布。

(9) cm_ctName（nSD）：分组名称，程序会依据接触模型的不同对属于不同粒径分组的颗粒进行自动命名。

(10) cm_Dlo（nSD）：第 $i \in [1,nSD]$ 个粒径分组内颗粒直径最小值。

(11) cm_Dup（nSD）：第 $i \in [1,nSD]$ 个粒径分组内颗粒直径最大值。

(12) cm_Vfrac（nSD）：第 $i \in [1,nSD]$ 个粒径分组内颗粒的体积分数。

材料填充物理属性（mpSetPackingParams）主要包括以下四种。

(1) pk_Pm：材料受到的压力。

(2) pk_seed：随机数种子。

(3) pk_procCode：材料密实处理方式，0-墙体移动压缩，1-颗粒膨胀压缩。

(4) pk_nc：材料初始孔隙率。

接触黏结材料参数（mpSetCBParams）主要包括以下三组。

(1) 线性组：

1) cbm_emod：接触有效模量；

2) cbm_krat：接触刚度比；

3) cbm_fric：接触摩擦系数。

(2) 接触黏结组：

1) cbm_igap：接触安装间隙设置；

2) cbm_tens_m：接触抗拉强度分布（应力）均值；

3) cbm_tens_sd：接触抗拉强度分布（应力）标准差；

4) cbm_shears_m：接触剪切强度分布（应力）均值；

5) cbm_shears_sd：接触剪切强度分布（应力）标准差。

(3) 线性材料组：

1) lnm_emod：接触有效模量；

2) lnm_krat：接触刚度比；

3) lnm_fric：接触摩擦系数。

C 力学属性（接触）定义

线性模型是散体材料需要的模型基础，黏结类接触模型（如接触黏结、平行黏结等）的黏结键发生破裂后也会退化为线性模型。线性模型需要设置的参数见表4-4。

表 4-4 线性模型参数

参数	描述
lnm_emod	有效模量
lnm_krat	刚度比
lnm_fric	摩擦系数

  线性接触黏结模型可以设想为沿接触法向和切向布设的一对弹簧，弹簧（即黏结键）具有恒定的刚度与强度。在黏结模型未发生破裂的前提下，接触强度由黏结键控制。在接触受力过程中，沿其法向在弹簧中可形成拉应力，如果拉应力超过法向黏结键强度，则接触发生断裂，此时接触法向力和剪切力均变为零；类似地，若接触剪切力超过其剪切黏结键强度，且法向接触力为压力时，黏结模型剪切黏结键发生破裂，此后接触剪切强度由摩擦系数和法向力控制，服从库仑理想滑移定律，即剪切力不超过摩擦系数与法向接触力的乘积。接触黏结模型需要设置的参数见表 4-5。

表 4-5 接触黏结模型参数

参数	描述
线性组	
cbm_emod	有效模量
cbm_krat	刚度比
cbm_fric	摩擦系数
接触黏结组	
cbm_igap	接触安装间隙
cbm_tens	黏结抗拉强度
cbm_shears	黏结抗剪强度
线性接触模型与表 4-4 相同	

  平行黏结接触模型能够承受力与力矩的作用，当所承受的力超过强度极限时，黏结接触模型会断裂，即接触因黏结键失效而产生破坏。平行黏结接触模型需要设置的参数见表4-6。

表 4-6 平行黏结接触模型参数

参数	描述
线性组	
pbm_emod	有效模量
pbm_krat	刚度比

续表 4-6

参数	描述
pbm_fric	摩擦系数
平行黏结组	
pbm_igap	接触安装间隙
pbm_rmul	半径乘子
pbm_bemod	平行黏结有效模量
pbm_bkrat	平行黏结刚度比
pbm_coh	黏结内聚力
pbm_ten	黏结抗拉强度
pbm_fa	摩擦角
线性接触模型与表 4-4 相同	

平节理接触模型描述的是两个组分表面之间刚性连接的理想化界面行为，这种理想化的组分表面称为 faces，平节理材料中的颗粒称为 faced grains，平节理界面由单元（黏结和不黏结）组成。黏结单元的破坏会导致界面的局部破坏，从而产生裂缝。平节理模型可以提供弹性和黏结（或摩擦滑动）的扩展界面宏观行为。黏结单元的行为保持线弹性直至超过强度极限，退化为线性模型。每个单元承载时遵守力-位移定律，而平节理界面的力-位移响应包括从完全黏结状态演变成完全未黏结状态和摩擦状态的行为。平节理接触模型需要设置的参数见表 4-7。

表 4-7 平节理接触模型参数

参数	描述
平节理组	
fjm_trackMS	细观结构追踪标志（绘制面晶图集的细观结构）
fjm_igap	安装间隙
fjm_B_frac	黏结比例
fjm_G_frac	间隙比例
fjm_Nr	径向单元数目
fjm_rmulCode	半径乘子方式，0-固定，1-变化
fjm_rmulVal	半径乘子值
fjm_emod	有效模量
fjm_krat	刚度比
fjm_fric	摩擦系数

续表 4-7

参数	描述
fjm_ten	抗拉强度
fjm_coh	内聚力
fjm_fa	摩擦角
线性接触模型与表 4-4 相同	

4.3.3.3 试样制备成果检验与分析

在试样制备完成后，可通过 fistPkg 内置函数获取试样几何与级配构成等关键指标，并作为试样成果合理性的判断依据。若不满足分析要求，可进行参数调整重新制备试样。

（1）试样的基本属性可通过@mvListProps 函数在 PFC 5.0 的 Console 面板查看。

（2）粒径分布、接触力学性质设置参数可通过@mpListMicroProps 函数在 PFC 5.0 的 Console 面板查看。

（3）试样的级配（平均粒径、d_{50} 粒径等）和接触条件统计（接触类型、数目、力学参数等）可通过@mpListMicroStrucProps 函数在 PFC 5.0 的 Console 面板查看。

（4）粒径分布状态可通过 GSD Retained 表单（粒径分布曲线）和 GSD 表单（累计粒径分布曲线）查看。

4.3.4 试样加载

4.3.4.1 文件构成及功能

在数值试样构建完成后，即可调用材料储存文件对其进行加载试验。fistPkg 软件包提供了三种数值试验类型：压缩试验（有侧限、无侧限和径向应变）、劈裂试验和直接拉伸试验。用户可以根据需要选择数值试验类型并调整控制加载参数。加载试验大致可分为如下两个步骤。

（1）伺服加载。首先，依据输入的围压条件，通过调整试样四周墙体的速度，在试样内形成满足要求的围压环境；随后，在围压控制的基础上对试样持续加载，直至其进入破坏状态。

（2）成果解析。监测加载过程中试样对象（颗粒、墙体）的速度、接触力等，依据力学关系式解译得到试样的宏观力学参数。

对应于三种数值试验的加载控制文件分别存放于名为压缩试验 CompTest（见表 4-8）、劈裂试验 DiamCompTest（见表 4-9）和直接拉伸试验 TenTest（见表 4-10）三个文件夹内。

表 4-8 压缩试验 CompTest 文件夹内容

文件名	文件说明
CompTest.p{2,3}dvr	压缩试验总控制文件（2D/3D）
CompTest.p{2,3}prj	压缩试验项目文件（2D/3D）
CompTest-Makeplots.p{2,3}dat	压缩试验出图命令文件（2D/3D）
ctParams.p{2,3}dat	压缩试验参数定义命令文件（2D/3D）

表 4-9 劈裂试验 DiamCompTest 文件夹内容

文件名	文件说明
DiamCompTest.p{2,3}dvr	劈裂试验总控制文件（2D/3D）
DiamCompTest.p{2,3}prj	劈裂试验项目文件（2D/3D）
DiamCompTest-Makeplots.p{2,3}dat	劈裂试验出图命令文件（2D/3D）
dcParams.p{2,3}dat	劈裂试验参数定义命令文件（2D/3D）

表 4-10 直接拉伸试验 TenTest 文件夹内容

文件名	文件说明
TenTest.p{2,3}dvr	直接拉伸试验总控制文件（2D/3D）
TenTest.p{2,3}prj	直接拉伸试验项目文件（2D/3D）
TenTest-Makeplots.p{2,3}dat	直接拉伸试验出图命令文件（2D/3D）
ttParams.p{2,3}dat	直接拉伸试验参数定义命令文件（2D/3D）

有关三种数值试验的通用 FISH 函数文件存放于 fistSrc 文件夹中，见表 4-11。

表 4-11 PFC 试验中的通用 FISH 函数文件内容

文件名	文件说明
ck.fis	裂纹扩展监测函数
ct.fis	压缩试验功能函数
dc.fis	劈裂试验功能函数
tt.fis	直接拉伸试验功能函数

4.3.4.2 试验类型及参数定义

下面分别介绍压缩试验、直接拉伸试验和巴西劈裂试验的实现方法，及其相应参数的定义方法。

A 压缩试验

双轴（单轴）压缩数值模型以顶部和底部的墙体模拟加载板对颗粒集合体进行加载；而针对左右两个侧墙，在整个计算过程中可以通过伺服控制技术实现颗粒集合体围压条件近似保持为恒定值。

在压缩试验中调用的 FISH 函数如下：

（1）@ctSetParams：试验参数赋值；

（2）@ctCheckParams：检查试验参数；

（3）@ctListProps：打印显示参数。

需要设置的变量如下：

（1）ct_testType：压缩试验类型，0-有围压，1-无围压，2-单轴应变。

（2）ct_Pc：围压，数值大于零为受压条件。

（3）ct_eRate：轴向加载速率。

（4）ct_loadCode：加载阶段，0-单段加载，1-多阶加载；若此参数设置为1，则需要设置@ctPerformStage函数控制多阶段加载。

（5）ct_loadFac：加载停止条件。

典型压缩试验模拟结果如图4-1所示。

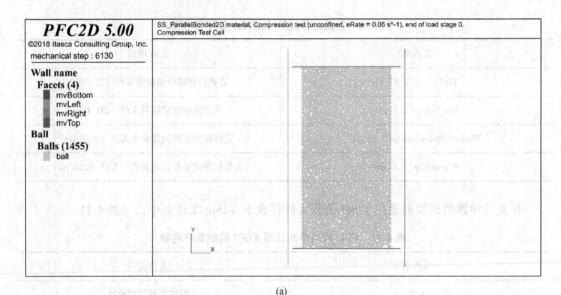

(a)

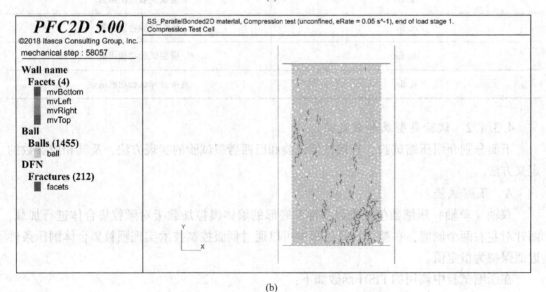

(b)

图4-1 典型压缩试验模拟结果
(a) 模型初始状态；(b) 模型最终状态

B 直接拉伸试验

目前，直接拉伸室内试验中的岩石试样制作成本高且加工难度大，同时加载时容易出现受力偏差。但是，研究岩石的抗拉力学特性必须从岩石的直接拉伸试验出发，因此数值模拟便成为一种切实有效的研究手段。与压缩试验不同，在 fistPkg 中直接拉伸试验加载无法通过对墙体施加速度条件来实现，而是对试样顶部和底部一定厚度条形范围内的颗粒施加一组沿试样轴向的速度条件，这一组大小相同、方向相反的速度作用于试样两端以实现拉伸加载。同时，由于仅设置轴向速度，故整个加载过程中条形颗粒横向的平动速度和转动速度均设置为零。另外，为规避突发的速度荷载对试样可能产生的动态冲击作用，通常需要采用循环数分段方式使"颗粒墙"的速度自零逐渐过渡至最终指定值。

在直接拉伸试验中调用的函数如下：

(1) @ttSetParams：试验参数赋值；

(2) @ttCheckParams：检查试验参数；

(3) @ttListProps：打印显示参数。

需要设置的变量如下：

(1) tt_tg：定义试样两端 tt_tg 厚度范围内的颗粒用于加载。

(2) tt_eRate：轴向加载速率。

(3) tt_loadCode：加载阶段，0-单段加载，1-多阶段加载；若此参数设置为 1，则需要设置@ctPerformStage 函数控制多阶段加载。

(4) ct_loadFac：加载停止条件。

典型直接拉伸试验模拟结果如图 4-2 所示。

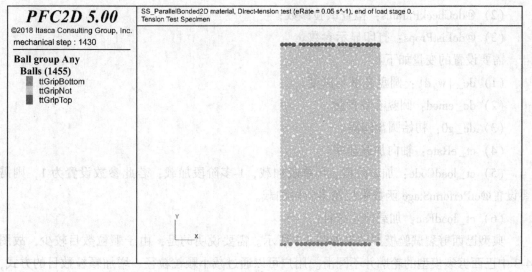

(a)

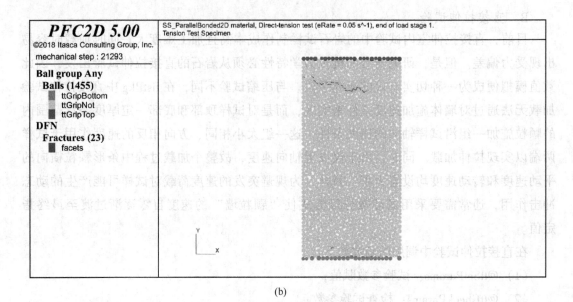

(b)

图 4-2 典型直接拉伸试验模拟结果
（a）模型初始状态；（b）模型最终状态

C 巴西劈裂试验

相较于直接拉伸试验，巴西劈裂试验在室内试验条件下容易执行。在圆柱体试样的直径方向上布设上下两根垫条，施加相对的线性荷载，使之沿试样直径方向破坏，进而获取试样的抗拉强度。与压缩试验相同，PFC 5.0 中的巴西劈裂试验也是通过控制墙体速度的方式对岩石进行加载。

在巴西劈裂试验中调用的函数如下：

（1）@dcSetParams：试验参数赋值；

（2）@dcCheckParams：检查试验参数；

（3）@dcListProps：打印显示参数。

需要设置的变量如下：

（1）dc_{w,d}：圆盘宽度与深度。

（2）dc_emod：圆盘有效模量。

（3）dc_g0：初始圆盘间隔。

（4）ct_eRate：轴向加载速率。

（5）ct_loadCode：加载阶段，0-单段加载，1-多阶段加载；若此参数设置为1，则需要设置@ctPerformStage函数来控制多阶段加载。

（6）ct_loadFac：加载停止条件。

典型巴西劈裂试验模拟结果如图 4-3 所示。需要说明的是，由于颗粒数目较少，故图 4-3 中巴西劈裂模型的轮廓并不圆滑。用户可以通过减小颗粒粒径、增加颗粒数目的方式，提高巴西劈裂模型的精度和巴西劈裂数值模拟结果的准确性。

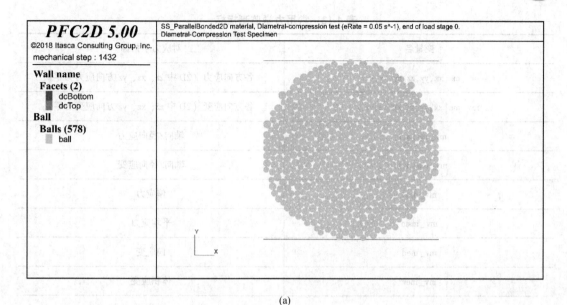

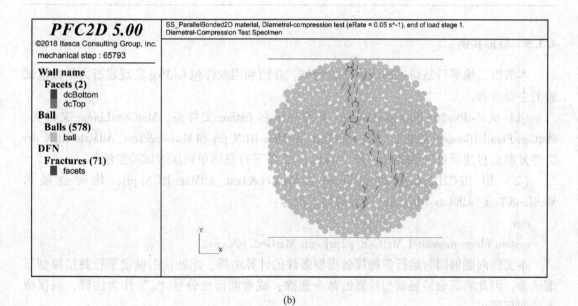

图 4-3 典型巴西劈裂试验模拟结果
(a) 模型初始状态;(b) 模型最终状态

4.3.4.3 常用力学监测指标

在开展各类岩石力学数值试验以及宏细观参数匹配过程中,十分重要的一点是获取各种应力-应变曲线,从而求得试样的弹性模量、泊松比、抗压强度、抗拉强度等宏观参数。fistPkg 软件包中自带常用力学指标监测功能,调取 history 即可实现。常用力学监测指标见表 4-12。需要说明的是,表 4-12 中应力方向拉为正,即应变扩张为正。

表 4-12　常用力学监测指标

变量名	对应力学指标
mv_ms{xx,yy,zz,xy,xz,yz}	各方向应力（2D 中 zz、xz、yz 方向应力为零）
mv_me{xx,yy,zz,xy,xz,yz}	各方向应变（2D 中 zz、xz、yz 方向应变为零）
mv_ms{a,r}	轴向/径向应力
mv_me{a,r}	轴向/径向应变
mv_msd	偏应力
mv_msm	平均应力
mv_med	偏应变
mv_mev	体积应变
mv_mn	孔隙率

4.3.5　模拟实例

本节以二维平行黏结单轴压缩试验为例，介绍利用软件包 fistPkg 实现岩石力学数值试验的主要步骤。

（1）从 fistPkg26\ExampleProjects 文件夹下将 fistSrc 文件夹、MatGen-Linear 文件夹、MatGen-ParallelBonded 文件夹、MatGen&Test_AllMats-RUN.prj 和 MatGen&Test_AllMats-RUN.dvr 文件复制至自建项目文件夹内，如"fistPkg_二维平行黏结单轴压缩试验实例"。

（2）用 PFC2D5.0 软件打开项目 MatGen&Test_AllMats-RUN.prj，此时会显示 MatGen&Test_AllMats-RUN.dvr 文件的如下内容：

new

system clone timeout-1 MatGen.p2prj call MatGen.p2dvr

本文件内能够同时运行多种接触模型条件的计算结果，此处仅需设定平行黏结模型压缩试验，因此将其余接触模型计算的命令删除，或者前面加分号";"作为注释，只保留上述两行即可。

（3）用 PFC2D5.0 软件或者文本编辑器打开 MatGen-ParallelBonded 文件夹下 mpParams.p2dat，该文件控制数值试验的各种材料参数。

例 4-1　二维平行黏结单轴压缩试验材料参数设置实例

;fname：mpParams.p2dat
def mpSetCommonParams
　　cm_matName='SS_ParallelBonded2D';存储文件名
　　cm_matType=2
　　cm_localDampFac=0.7;局部阻尼参数
　　cm_densityCode=1

```
        cm_densityVal = 2500.0;密度
;设置颗粒形状与粒径分布参数
    cm_nSD = 1
    cm_typeSD = array.create(cm_nSD)
    cm_ctName = array.create(cm_nSD)
    cm_Dlo    = array.create(cm_nSD)
    cm_Dup    = array.create(cm_nSD)
    cm_Vfrac  = array.create(cm_nSD)
    cm_Dlo(1) = 1.0e-3;颗粒直径最小值
    cm_Dup(1) = 2.0e-3;颗粒直径最大值
    cm_Vfrac(1) = 1.0
end
@mpSetCommonParams
def mpSetPackingParams
;设置颗粒填充物理属性
    pk_Pm = 30e6;颗粒所受压力
    pk_procCode = 1;颗粒膨胀压缩
    pk_nc = 0.08;初始孔隙率
end
@mpSetPackingParams
def mpSetPBParams
;设置平行黏结材料通用参数和填充参数
;平行黏结参数线性部分：
    pbm_emod = 1.6e9
    pbm_krat = 1.5
    pbm_fric = 0.4
;平行黏结部分：
    pbm_igap = 0.0
    pbm_rmul = 1.0
    pbm_bemod = 1.6e9;平行黏结模量
    pbm_bkrat = 1.5;平行黏结刚度比
    pbm_mcf = 1.0
    pbm_ten_m  = 1.0e6;黏结抗拉强度均值
    pbm_ten_sd = 0.0;黏结抗拉强度标准差
    pbm_coh_m  = 20.0e6;黏聚力均值
    pbm_coh_sd = 0.0;黏聚力标准差
    pbm_fa = 0.0
;线性材料参数：
    lnm_emod = 1.6e9;有效模量
    lnm_krat = 1.5;刚度比
    lnm_fric = 0.4;摩擦系数
end
@mpSetPBParams
```

```
@_mpCheckAllParams
@mpListMicroProps
return
;EOF：mpParams.p2dat
```

（4）利用 PFC2D5.0 软件或者文本编辑器打开 MatGen-ParallelBonded 文件夹下 mvParams.p2dat，该文件控制数值试验试样的几何参数与接触参数。

例 4-2 二维平行黏结单轴压缩试验试样参数设置实例

```
;fname：mvParams.p2dat
def mvSetParams ;设置试样参数
    mv_type  = 0 ;试样类型为基本物理试样
    mv_H = 100.0e-3 ;试样的高度
    mv_W = 50.0e-3 ;试样的宽度
    mv_emod = 3.0e9 ;墙体的有效模量
end
@mvSetParams
@_mvCheckParams
@mvListProps
@msBoxDefine( [vector(0.0,0.0)] , [vector(10e-3,10e-3)] )
return
;EOF：mvParams.p2dat
```

（5）打开 MatGen-ParallelBonded \ CompTest 文件夹下 ctParams.p2dat 文件，在 ctSetParams 函数内设置单轴压缩条件。

例 4-3 二维平行黏结单轴压缩试验加载条件设置实例

```
;fname：ctParams.p2dat
def ctSetParams ;设置压缩试验加载参数，各参数含义查看 fistSrc 文件夹下 ct.fis 文件
    ct_testType = 1 ;试验类型为无围压
    ct_Pc = 100.0e3 ;围压
    ct_eRate = 0.05 ;轴向压缩应变率
    ct_loadCode = 0 ;加载阶段为单阶段加载
    ct_loadFac = 0.8 ;加载停止条件为应力下降至最大荷载的 80%
end
@ctSetParams
    history reset
    history nstep 10
    history add id = 101 fish mv_wsd ;监测偏应力
    history add id = 201 fish mv_wea ;监测轴向应变
return
;EOF：ctParams.p2dat
```

（6）打开 MatGen&Test_AllMats-RUN.prj，运行 MatGen&Test_AllMats-RUN.dvr 即可得到如图 4-4 所示的数值计算结果。

4.4 高温条件下砂岩巴西劈裂 PFC 模拟实例

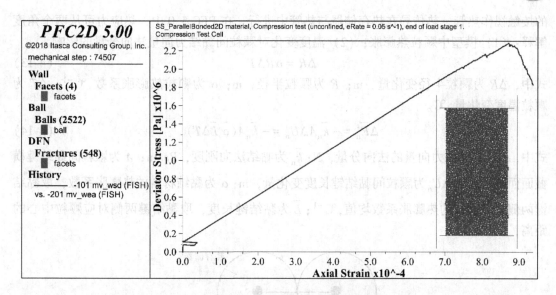

图 4-4 二维平行黏结单轴压缩试验实例模拟结果

注意：除了上述步骤，用户可以直接运行 MatGen-ParallelBonded. prj 项目或者先运行 MatGen. prj，再运行 \CompTest \CompTest. prj 项目，同样能够得到相同的数值计算结果。

4.4 高温条件下砂岩巴西劈裂 PFC 模拟实例

核废料处理、地热开发、煤炭地下气化等工程领域均涉及高温和热应力的作用，高温易使脆性岩体产生热损伤，从而导致岩体破坏。在核废料地质封存过程中，释放的热能会导致岩体产生裂隙，核废料可能通过热致裂隙进入生物圈，从而造成污染。为了更好地开发地热资源，需要深入研究高温岩体的力学性质并对其进行安全评估。因此，研究高温热处理对岩石力学性质的影响具有重要工程意义。

本节以高温条件下砂岩巴西劈裂 PFC 模拟为例，主要介绍 PFC 热力学计算原理、高温条件下砂岩巴西劈裂数值试验实现过程以及相应数值模拟结果分析。

4.4.1 PFC 热力学计算原理

为研究高温处理后砂岩的巴西劈裂特性，需利用 PFC 5.0 中的热固耦合模块进行热力耦合计算。连续体中热传导涉及的变量为温度和热流矢量，并通过傅里叶热传导定律导出的连续性方程和传热方程相联系。将傅里叶定律代入连续性方程得到热传导微分方程，在特定边界条件和初始条件下，可针对特定性质求解。傅里叶热传导定律中，热流矢量与温度梯度之间的关系为：

$$q_i = -k_{ij} \frac{\partial T}{\partial x_j} \qquad (4-12)$$

式中，q_i 为热流矢量，W/m^2；k_{ij} 为导热张量，$W/(m \cdot ℃)$；T 为温度，℃。

如图 4-5 所示，PFC 5.0 热力学计算中将模型内每个颗粒视作一个热存储器，颗粒间的接触视作热管,热传导在热存储器与热管中进行。在 PFC 5.0 中,热应力可从两个角度解释:(1)模型中颗粒热膨胀;(2)温度变化对颗粒间黏结力向量法向分量的影响。

$$\Delta R = \alpha R \Delta T \tag{4-13}$$

式中,ΔR 为颗粒半径变化量,m;R 为颗粒半径,m;α 为颗粒热膨胀系数,℃$^{-1}$;ΔT 为颗粒温度变化量,℃。

$$\Delta \overline{F}_n = -\overline{k}_n A \Delta U_n = -\overline{k}_n A(\overline{\alpha} \overline{L} \Delta T) \tag{4-14}$$

式中,$\Delta \overline{F}_n$ 为黏结力向量的法向分量,N;$\overline{k}_n$ 为黏结法向刚度,Pa/m;A 为颗粒间黏结键横截面面积,m^2;ΔU_n 为颗粒间黏结键长度变化量,m;$\overline{\alpha}$ 为黏结材料的热膨胀系数,取黏结键两侧对应颗粒的热膨胀系数均值,℃$^{-1}$;$\overline{L}$ 为黏结键长度,取黏结键两侧对应颗粒中心的距离,m。

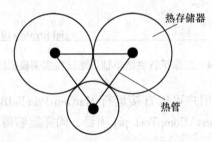

图 4-5 PFC 热力学计算中的热存储器和热管示意图

4.4.2 实现过程

PFC 5.0 中模型热模块计算的具体实现过程为:(1)建立圆盘颗粒模型,待颗粒稳定后,关闭力学计算程序并开启热计算程序;(2)向模型施加温度,待其达到指定温度后,输入指令将温度降至常温;(3)关闭热计算程序并开启力学计算程序,进行巴西劈裂试验。上述模型热模块计算实现过程中,可以利用 set thermal/mechanical on/off 等命令控制计算模式。

PFC 5.0 热固耦合模块中的热力学参数主要有三个:热膨胀系数 thexp、热阻 thres 和比热容 sheat。其中,热膨胀系数反映固体由于温度变化引起的热胀冷缩,热阻和比热容反映固体间的传热性能。

以下是热力学主要实现代码:

```
configure thermal
set thermal on mechanical off;关闭力学计算程序并开启热计算程序
contact thermal model ThermalPipe;设置 ThermalPipe 接触模型
ball thermal attribute thexp 3.0e-6;设置热膨胀系数为 3.0e-6
ball thermal attribute sheat 1.0e3;设置比热容为 1.0e3
ball thermal attribute thres 0.1;设置热阻为 0.1
wall thermal attribute temperature 300;设置墙的温度为 300 K,温度单位为开尔文温度
ball thermal attribute temperature 300;设置颗粒温度为 300 K
```

```
ball thermal attribute deltemp 100.0;设置温度增量为 100 K
cycle 1
set thermal off mechanical on;关闭热计算程序并开启力学计算程序
ball attribute displacement multiply 0.0
cycle 1000
solve aratio 1e-6
save result
```

岩石力学问题 PFC 模拟是通过赋予颗粒和接触不同细观参数，使其具有一定黏结力的方式等效岩石试样的弹性模量、强度等宏观参数。同样地，对于高温条件下岩石矿物的化学变化和微裂隙产生过程的模拟也是通过调整颗粒间黏结键所携带矢量力的法向分量进行等效，即不同高温条件下利用 PFC 5.0 热计算模块调整模型内颗粒间黏结力的方式等效不同矿物相变、微裂隙导致的岩石试样强度变化。

4.4.3 宏细观参数匹配

利用 X 射线衍射物相半定量分析，确定真实砂岩试样中含有 44% 石英、21% 高岭石和 35% 云母。因此，根据砂岩中不同矿物的含量，构建颗粒体模型时生成具有不同细观参数的三种类型颗粒。砂岩数值模型中颗粒总数为 32172，其中石英颗粒数目为 14156、高岭石颗粒数目为 6756、云母颗粒数目为 11260，颗粒直径为 0.1~0.15 mm。三种类型颗粒随机分布，最终生成的砂岩数值模型如图 4-6 所示。

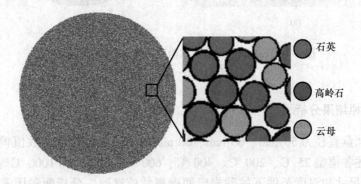

图 4-6 砂岩数值模型

以 25~1000 ℃ 不同温度下巴西劈裂室内试验所得砂岩试样的劈裂强度和径向位移作为宏观参数，采用试错法不断调试数值模型细观参数，最终确定的砂岩细观参数组合见表 4-13，室内试验与数值试验所得典型砂岩破坏模式如图 4-7 所示。由此可以看出，宏细观参数匹配可为后续不同尺寸高温砂岩的巴西劈裂模拟研究奠定模型基础。

表 4-13 砂岩数值模型细观参数组合

参数	取值	参数	取值
颗粒半径/mm	0.10~0.15	弹性模量/GPa	5.00
颗粒最大与最小粒径比值	1.50	平行黏结模量/GPa	5.00

续表 4-13

参数	取值	参数		取值
颗粒密度/kg·m^{-3}	2300	局部阻尼系数		0.70
巴西劈裂强度/MPa	2.24	导热系数/W·(m·K)$^{-1}$		5.91
颗粒摩擦系数	0.50	热膨胀系数 /K^{-1}	石英	1.37×10^{-4}
孔隙度	0.18		高岭石	0.53×10^{-4}
刚度比	1.30		云母	2.80×10^{-4}

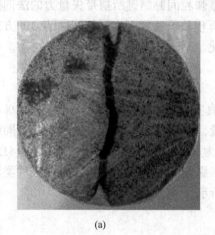
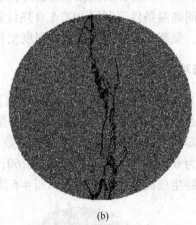

(a)　　　　　　　　　　　　　(b)

图 4-7　室内试验与数值试验所得典型砂岩破坏模式
(a) 室内试验；(b) 数值试验

4.4.4　数值模拟结果分析

分别构建圆盘直径为 50 mm、60 mm、80 mm 和 100 mm 的砂岩数值模型，利用 PFC 热模块赋予上述各模型 25 ℃、200 ℃、400 ℃、600 ℃、800 ℃和 1000 ℃等不同温度，共开展 24 组不同尺寸和温度条件下的砂岩巴西劈裂数值试验，分析两种因素对砂岩劈裂强度以及孔隙率增加相对裂纹演化滞后性的影响。

4.4.4.1　砂岩劈裂强度分析

各砂岩试样的劈裂强度见表 4-14。

表 4-14　不同砂岩数值模型的劈裂强度

试样编号	温度/℃	试样直径/mm	劈裂强度/MPa	试样编号	温度/℃	试样直径/mm	劈裂强度/MPa
1	25	50	2.239	5	200	50	2.364
2	25	60	2.015	6	200	60	2.151
3	25	80	1.276	7	200	80	1.371
4	25	100	0.963	8	200	100	1.040

4.4 高温条件下砂岩巴西劈裂 PFC 模拟实例

续表 4-14

试样编号	温度/℃	试样直径/mm	劈裂强度/MPa	试样编号	温度/℃	试样直径/mm	劈裂强度/MPa
9	400	50	2.320	17	800	50	2.145
10	400	60	2.123	18	800	60	1.798
11	400	80	1.361	19	800	80	1.174
12	400	100	1.037	20	800	100	0.862
13	600	50	2.190	21	1000	50	1.516
14	600	60	2.013	22	1000	60	1.275
15	600	80	1.223	23	1000	80	0.807
16	600	100	1.004	24	1000	100	0.673

基于数值模拟所得砂岩巴西劈裂强度与温度及尺寸的关系如图 4-8 所示。由图 4-8（a）分析可知：在温度和尺寸效应耦合作用下，随着温度升高以及砂岩尺寸增大，砂岩巴西劈裂强度整体呈下降趋势，在温度达到 400 ℃ 前劈裂强度略有增加。这是由于在 400 ℃ 前砂岩内部发生热膨胀，劈裂强度有所增大；随着温度继续升高，砂岩内部在热应力作用下逐渐产生损伤，导致砂岩巴西劈裂强度下降。而随着砂岩尺寸增大，内部积聚的能量在达到峰值荷载前耗散并产生大量微裂隙，从而致使岩石劈裂强度下降。另外，如砂岩劈裂强度垂直投影图如图 4-8（b）所示，利用图中劈裂强度所跨越的色域范围可以判断温度和尺寸效应对砂岩巴西劈裂强度的影响程度。总体而言，砂岩劈裂强度在温度坐标轴方向上的变化范围为 34.66% ~ 35.10%，在尺寸坐标轴上的变化范围为 55.61% ~ 56.99%。因此，温度和尺寸变化对砂岩巴西劈裂强度具有明显的耦合作用效果，且在 25 ~ 1000 ℃ 和 50 ~ 100 mm 的直径范围内，尺寸效应对砂岩劈裂强度影响程度更大。

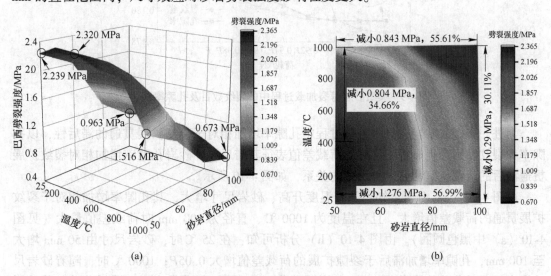

图 4-8　温度与尺寸效应耦合作用下的砂岩巴西劈裂强度
（a）砂岩劈裂强度与温度及尺寸的关系；（b）垂直方向投影图

4.4.4.2 砂岩孔隙率与裂纹扩展相关性分析

岩石的微观结构直接影响其力学性能，岩石的失稳破坏往往伴随着内部孔隙、裂纹的不断产生和贯通，研究孔隙率与裂纹扩展之间的相关性有利于评价岩石的损伤程度，揭示岩石破坏机制。

利用 PFC2D 5.0 中的测量圆，监测不同温度下各尺寸砂岩数值模型在 $0.75P\sim P$（峰值荷载）以及峰后阶段的局域孔隙率和裂纹扩展过程。图 4-9 为典型砂岩劈裂加载过程中的裂纹数目及孔隙率演化。首先，由图 4-9 中裂纹数目演化曲线分析可知：在荷载达到 $0.85P$ 前仅产生少量裂纹，裂纹数目无明显变化；在 $0.85P$ 后裂纹数目逐渐增加，并在达到峰值荷载后迅速扩展贯通导致砂岩试样破坏。由图 4-9 中孔隙率演化曲线分析可知：在荷载达到 $0.92P$ 前，试样中部孔隙率几乎无变化；在 $0.92P$ 之后孔隙率开始增大，并在达到峰值荷载后孔隙率迅速增大。孔隙率迅速增大时刻比裂纹迅速扩展时刻的荷载差值约为 $0.07P$，说明孔隙率增大与裂纹扩展并非同时发生，裂纹产生后导致局域孔隙率变化，即孔隙率增大滞后于裂纹扩展。

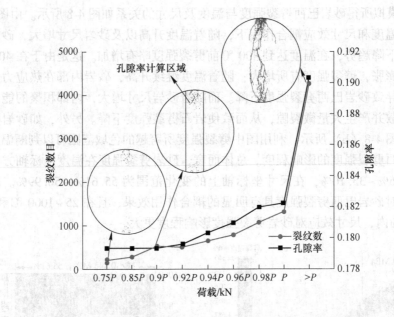

图 4-9 典型砂岩劈裂加载过程中的裂纹数目及孔隙率演化

为进一步探究砂岩在巴西劈裂过程中孔隙率增加相对于裂纹扩展贯通的滞后性，以孔隙率和裂纹分别产生显著变化时的荷载差值表征其滞后性。砂岩孔隙率增加相对裂纹扩展贯通滞后的荷载差值和温度与尺寸的关系，如图 4-10 所示。

由图 4-10（a）分析可知：随着温度升高、砂岩尺寸增大，其孔隙率增加相对于裂纹扩展贯通的荷载差值增大，且在温度为 1000 ℃、直径为 100 mm 时荷载差值最大（见图 4-10（a）中黑色圆圈）。由图 4-10（b）分析可知：在 25 ℃ 时，砂岩尺寸由 50 mm 增大至 100 mm，孔隙率增加滞后于裂隙扩展的荷载差值增大 $0.05P$；1000 ℃时，随着砂岩尺寸增大，滞后荷载差值增大 $0.03P$；说明随着温度升高，尺寸效应对于滞后荷载差值的影响逐渐降低。砂岩直径为 50 mm 时，随着温度升高，荷载差值增大 $0.06P$；直径为

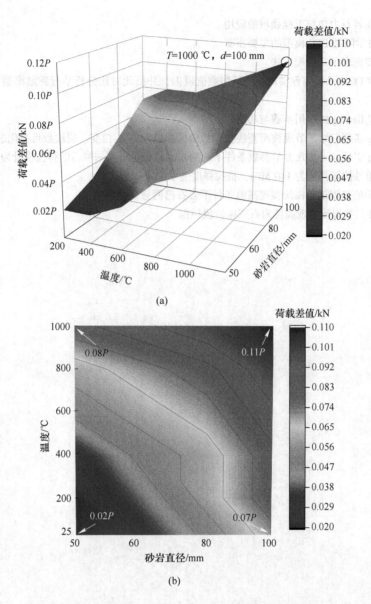

图 4-10 砂岩孔隙率增加相对裂纹扩展贯通滞后的荷载差值和温度与尺寸的关系
(a) 滞后荷载差值；(b) 垂直方向投影图

100 mm 时，随着温度升高，荷载差值增大 0.04P；说明随着砂岩尺寸增大，温度对于滞后荷载差值的影响也逐渐降低。这体现出高温和尺寸效应耦合作用对砂岩孔隙率增加相对于裂纹扩展贯通的滞后性具有显著影响。

习 题

4-1 简述岩石力学问题研究方法。

4-2 简述 PFC 在岩石力学与工程领域的应用。

4-3 简述岩石力学问题 PFC 模拟的主要步骤。

4-4 简述 PFC 传统宏细观匹配方法。

4-5 利用命令和 FISH 函数编程实现单轴压缩数值模拟，并据此对比分析平行黏结模型和平节理模型的异同。

4-6 简述软件包 fistPkg 的应用步骤与功能。

4-7 利用 fistPkg 实现三维平节理模型直接拉伸数值模拟以及应力-应变、裂纹数目演化过程监测。

4-8 利用 fistPkg 实现如下宏观力学参数条件下的细观参数标定：某一岩石的弹性模量为 12 GPa，泊松比为 0.23，单轴抗压强度为 140 MPa，抗拉强度为 20 MPa。

4-9 利用 PFC 中的热固耦合模块实现高温条件下岩石巴西劈裂数值模拟。

4-10 利用 FISH 函数编程实现脆性岩石压密阶段模拟。

5 边坡工程问题 PFC 模拟

倾斜的地面称为斜坡或边坡。按照成因边坡可分为天然（自然）边坡和工程边坡，按照介质组成可分为土质边坡、岩质边坡和类土质边坡。边坡形成过程中，由于应力状态的变化，边坡岩土体会产生不同方式、不同规模和不同程度的变形，并在一定条件下发展为破坏。在边坡贯通性破坏面形成之前，边坡岩土体的变形与局部破裂称为边坡变形，如露天矿台阶面和地表面出现断续裂缝等，此时边坡仍能保持完整。已有明显变形破裂迹象的岩土体，或已查明处于进展性变形的岩土体称为变形体。边坡岩土体中形成贯通性破坏面或坡体变形超过某一阈值时称为边坡破坏。被贯通性破坏面分割的边坡岩土体会呈现不同的失稳破坏模式，如滑落、崩落等；破坏后的滑落体（滑坡）或崩落体在特定的条件下可继续运动，称为破坏后的继续运动。边坡变形、边坡破坏和破坏后的继续运动，分别代表了边坡变形破坏的三个不同演化阶段。边坡变形常是边坡失稳的前兆，若能提前加以整治，往往不会发生破坏。

在岩土体自重及其他外力作用下，边坡有从高处向低处滑动的趋势，由于组成边坡的岩土体具有一定强度，因此会产生阻止边坡滑动的抗滑力。一般而言，若坡体内某个面上的下滑力超过抗滑力，边坡将失稳破坏。而当边坡内部存在结构面时，由于结构面强度通常远低于岩体强度，边坡失稳时一般沿弱面或多个组合弱面产生滑动。影响边坡稳定性的因素可归纳为内部因素和外部因素。内部因素主要包括岩土体性质、地质构造及地应力等；外部因素一般包括外动力作用（风化、剥蚀）、内动力作用（地震）、降雨、降雪、地下水、干湿循环、冻融循环作用以及工程作用（开挖、爆破、加固、蓄水）等。内部因素是影响边坡稳定性的根本因素，决定了边坡变形失稳模式和规模；外部因素则通过弱化或影响内部因素，诱发边坡变形及失稳破坏。

边坡稳定性分析的目的是确定经济合理的边坡结构参数或评价既有边坡的稳定程度，为边坡处治措施的选择提供可靠依据。虽然刚体极限平衡法是评价边坡稳定性的主要方法，但该理论未能充分考虑边坡岩土体自身的应力-应变关系，所求岩土体条块之间的内力或岩土体条块底部的反力均不能代表边坡的实际工况。因此，极限平衡法所得结果并不能完全适用于实际工程情况。而物理模型试验方法的主要缺点是相似比不易满足、试验结果不能重复再现、随边界条件的改变适应性差、试验周期长、对模型的尺寸与精度要求较高、测量方法及其技术要求严格、费用较高等。数值分析方法是进行边坡稳定性分析的一种有效计算手段。由于边坡工程中的边界条件和地质环境一般较为复杂，而且岩体具有不连续性、不均匀性和各向异性等特点，造成边坡工程问题十分复杂，而数值分析方法可以方便地处理这些问题。其中，基于颗粒流理论的 PFC 软件能够将整个边坡细观化，通过颗粒和接触实现连续体的效果，并采用光滑节理模型等实现复杂多变的地质赋存情况，可以有效解决边坡建模失真、无限逼近真实滑坡现状，为边坡变形及失稳破坏细观机理分析等基础研究以及边坡稳定性评价与设计等工程应用提供可靠手段。近年来，基于颗粒流理论的 PFC 软件在公路、铁路、露天矿山、大坝、排土场、尾矿库等各类边坡工程中的应用越来越广泛。针对边坡工程问题 PFC 模拟，本章分别介绍三个方面的内容：PFC 在边坡工程领域的应用、边坡工程问题 PFC 模拟过程和边坡工程问题 PFC 模拟实例。

5.1 PFC 在边坡工程领域的应用

复杂边坡的变形与稳定性研究一直是工程地质学与采矿工程等领域的重要课题。PFC 软件能够有效解决岩体、散体（土体）等各类边坡的大变形和细观破坏问题，实现边坡与复杂地质条件有机结合，并可动态再现整体滑坡过程，具有适应性广、准确性高等优点。目前，PFC 在边坡工程领域主要应用于边坡安全系数研究、边坡应力与位移分布规律研究以及边坡失稳演化细观机理研究。

5.1.1 PFC 边坡安全系数研究

多数情况下，边坡岩土体受环境影响致使其强度降低，从而导致边坡失稳破坏。这类工程应采用强度储备安全系数，即通过不断降低岩土体强度使其最终达到破坏为止，最终得到强度降低的倍数即为强度储备安全系数。强度折减安全系数的定义与边坡稳定性分析中极限平衡条分法安全系数的定义一致，均属于强度储备安全系数。对于实际边坡工程而言，它们均表示整体滑面的安全系数，即滑面的平均安全系数，而不是某个应力点的安全系数。

PFC 边坡安全系数研究中，安全系数的定义通常有两种：一种是降低材料的强度达到极限平衡，具有材料强度储备的性质，即强度折减法；另一种是加大荷载达到极限平衡，具有超载系数的性质，即重力增加法。具体而言，强度折减法是以实际摩擦系数（或黏结强度）与临界摩擦系数（临界黏结强度）之比作为安全系数；重力增加法则是单调增加边坡的重力荷载，直至边坡失稳，并以重力增加的倍数作为安全系数。

需要说明的是，边坡稳定性计算含有若干不确定性因素，为保证设计的边坡处于稳定状态，应使计算得到的安全系数大于 1，确保边坡具有一定的安全储备，即规定一个设计限值，称为设计安全系数。由于不同边坡的类型、高度、破坏后危害程度等各不相同，边坡设计过程中应根据边坡的工程实际情况，选用不同的设计安全系数。例如：对于大型水利水电工程与交通干线的边坡，边坡破坏后果比较严重，应采用较大的设计安全系数。对于露天矿山边坡而言，由于矿山服务年限一般较短，且允许局部破坏，采用的设计安全系数可相对较小。采矿工程中也可针对不同情况灵活调整，如在出入沟与破碎车间附近，采用的设计安全系数可相对其他地段较高。

另外，在 PFC 边坡稳定性分析中，根据颗粒流的自身特点也可将最大容许位移和滑裂面贯通作为综合判断边坡失稳的两个依据：当坡体未出现整体滑动时，以累计位移超过临界位移作为边坡失稳破坏标准；当坡体出现整体滑动时，以边坡滑裂面从坡脚至坡顶贯通作为计算结束的标准。

5.1.2 边坡应力与位移分布规律研究

利用基于颗粒流理论的 PFC 模拟边坡工程问题时，无需假定滑裂面位置，而是直接从细观角度定义颗粒之间的接触关系，其计算过程实质上是边坡内部材料自身求得稳定状态的调整过程。另外，该数值模拟方法不要求变形协调、位移连续，通过可视化直接描述边坡的滑移、倾倒过程以及滑动面的几何形状和位置等，同时也能够更全面地考虑材料非线性和颗粒间接触的非规则性。

在构建 PFC 边坡模型且赋予相应细观力学参数之后，即可对该边坡模型某一状态或某一时段任意位置的应力或位移进行监测分析，得到边坡应力分布图、速度矢量图或位移矢量图。通过分析位移和速度状态可以得到不同地质参数、岩土体性质和边坡几何形态等因素影响下各边坡的破坏趋势、稳定程度以及最危险滑动面位置，进而能够明确需要进一步加固处置的位置，提高边坡稳定性，预防滑坡风险。具体边坡应力与位移分布规律分析详见第 5.3 节 "断续节理岩质边坡失稳 PFC 模拟实例"。此外，边坡的动力响应分析是计算边坡反应谱的依据。利用 PFC 中的 table 命令和 FISH 函数能够实现读取地震波数据，记录速度和位移等峰值动力响应。

5.1.3　边坡失稳演化细观机理研究

不稳定的边坡会在重力作用下逐渐发生破坏，其过程可以利用 PFC 进行模拟与分析。通过 PFC 能够很好地观察到边坡破坏的全过程、破坏方式以及破坏后边坡的波及面，尤其是基于边坡失稳过程中坡体内部裂隙演化规律、破裂微震事件特征等方面的分析结果，揭示不同边坡失稳演化的细观机理。

露天矿岩质边坡中存在大量随机分布的节理裂隙，节理岩质边坡的稳定性一方面与岩石材料的性质密切相关，另一方面受到节理面的几何形态和力学性质控制。大量试验揭示了节理几何特征对节理岩质边坡变形各向异性、失稳破坏模式的影响，对于节理力学参数的研究却受物理试验所限，难以取得突破性的进展。节理的各种力学参数，包括法向与切向刚度、内聚力、抗拉强度、内摩擦角、摩擦系数等是露天矿岩质边坡稳定性分析的必要参数。不同岩质边坡经受的地质作用及其赋存环境不同，所形成的节理面力学性质也会不同。

PFC 中的光滑节理模型是一种特殊的颗粒接触模型，用于模拟节理的力学行为，不考虑节理面上颗粒间的接触方位。当黏结颗粒体模型中嵌入光滑节理模型后，所有位于节理面两端相邻颗粒间的原始接触模型转化为光滑节理模型，使得节理面两侧相邻颗粒可沿光滑节理模型平行滑动，而非沿颗粒表面滑动，从而能够消除采用传统颗粒流方法模拟节理时产生的"颠簸"效应，进而实现模拟摩擦型节理或黏结型节理力学特性的目的。因此，基于黏结颗粒体模型和光滑节理模型构建能够充分反映节理几何分布与力学特征并考虑细观破裂效应的岩质边坡模型，可以深入研究顺层边坡、返倾边坡、锚固边坡等不同类型露天矿节理岩质边坡的失稳演化细观机理，并为实际露天矿边坡工程的设计、开采、监测和灾害防治等提供可靠的科学依据。

5.2　边坡工程问题 PFC 模拟过程

针对边坡工程问题 PFC 模拟，尚无可直接使用的类似 fistPkg 的软件包。本节将介绍边坡工程问题 PFC 模拟的主要步骤，其中"宏细观参数匹配"可参考第 4.2 节和第 4.3 节相关内容，此处不再赘述。图 5-1 为边坡工程问题 PFC 模拟流程图。

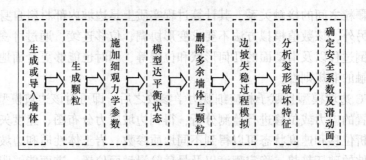

图 5-1 边坡工程问题 PFC 模拟流程图

5.2.1 生成或导入边坡模型墙体

边坡工程问题 PFC 模拟，首先需要确定边坡模型的几何尺寸和轮廓，主要方式包括两种：一种是例 5-1 中的基于节点坐标，使用命令 wall create 直接生成表示边坡模型轮廓的若干墙体，墙体生成结果如图 5-2 所示。另一种是例 5-2 中的基于命令 geometry import 和 wall import 直接向 PFC 5.0 中导入 .dxf 格式、.stl 格式或 .geometry 格式（Itasca 软件自定义格式）的边坡轮廓几何图形文件（见图 5-3（a））并生成相应墙体，墙体生成结果如图 5-3（b）所示。

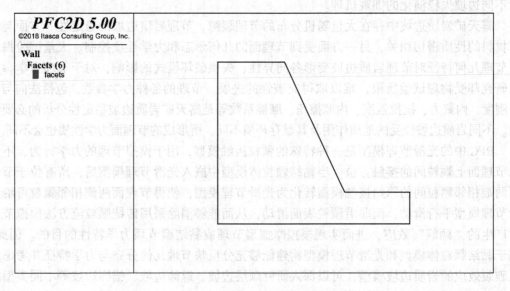

图 5-2 直接生成法构建边坡模型墙体

例 5-1 直接生成法构建边坡模型墙体实例

new
set random 101
domain extent (-100,100)(0,100)
domain condition destroy
wall create id 1 vertices (-30,50)(-30,0)

wall create id 2 vertices (-30,0)(30,0)
wall create id 3 vertices (30,0)(30,10)
wall create id 4 vertices (30,10)(10,10)
wall create id 5 vertices (10,10)(-8.7,50)
wall create id 6 vertices (-8.7,50)(-30,50)

例 5-2　导入法构建边坡模型墙体实例

new
set random 101
domain extent (-1000,1000)(0,1000)
domain condition destroy
geometry importslope.dxf;将.dxf 格式几何图形文件导入 PFC
wall import geometry slope

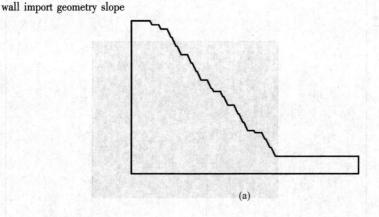

(a)

(b)

图 5-3　导入法构建边坡模型墙体
(a) AutoCAD 中的边坡剖面；(b) PFC 中生成的边坡模型墙体

5.2.2 构建黏结颗粒体边坡模型

构建黏结颗粒体边坡模型主要包括三个步骤：不规则区域内生成密实颗粒体系，施加黏结接触模型与细观力学参数，以及多余能量归零。

5.2.2.1 不规则区域内生成密实颗粒体系

构建黏结颗粒体边坡模型时，需要在如图 5-2 和图 5-3（b）所示的不规则区域内生成密实状态的颗粒体系。具体 PFC 5.0 中的颗粒生成方法详见第 2.6 节，此处介绍不规则区域内密实颗粒体系生成方法。例 5-3 中的编程思路：首先，在包含边坡轮廓范围的规则（矩形）区域内生成若干颗粒；待颗粒体系达平衡状态后，再删除边坡轮廓范围以外的颗粒。图 5-4 为不规则边坡轮廓范围内密实颗粒体系生成过程。

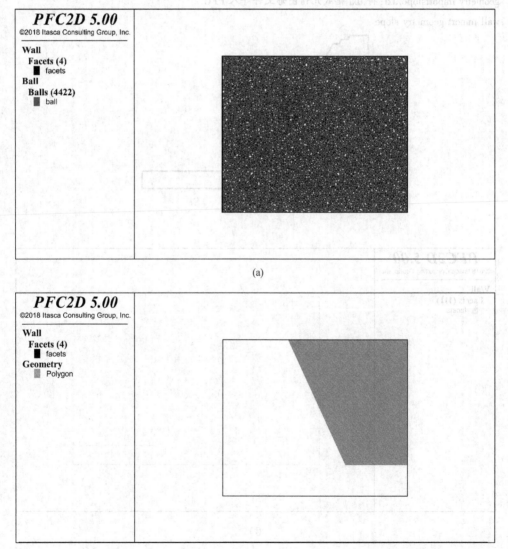

(a)

(b)

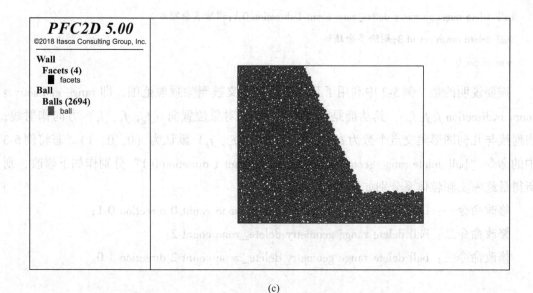

(c)

图 5-4 不规则边坡轮廓范围内密实颗粒体系生成过程
(a) 规则区域内的初始密实颗粒体系；(b) 被删除颗粒所在 geometry 区域；
(c) 不规则区域内的最终密实颗粒体系

例 5-3 不规则区域内生成密实颗粒体系实例

new

set random 101

domain extent (-100,100)(0,100)

domain condition destroy

cmat default model linear method deform emod 1e9 kratio 1.5 ;设置线性接触模型

cmat default property dp_nratio 0.2

wall create id 1 vertices (-30,0)(30,0)

wall create id 2 vertices (-30,0)(-30,50)

wall create id 3 vertices (-30,50)(30,50)

wall create id 4 vertices (30,50)(30,0)

ball distribute porosity 0.12 box (-30,30)(0,50) radius 0.25 0.60 ;规则区域内生成颗粒

ball attribute density 2500 damp 0.7

cycle 1000 calm 50

cycle 1000

set timestep scale

solve aratio 1e-4

set timestep auto

geometry set delete_zone polygon position 30.0 10.0 10.0 10.0 -8.7 50.0 30.0 50.0 ;定义被删除颗粒所在几何区域 delete_zone ball delete range geometry delete_zone count 1 direction 0 1;删除多余颗粒

wall delete range set id 3;删除多余墙体

save slope_0

需要说明的是，例5-3中利用了几何图形集定义被删除颗粒范围，即 range geometry s count i<direction $f_x f_y f_z$>，其功能是利用集合 s，从对象位置向（f_x，f_y，f_z）方向作射线，当射线与几何图形集交点个数为 i 时被选择，（f_x，f_y，f_z）默认为（0，0，1）。若将例5-3中的命令"ball delete range geometry delete_zone count 1 direction 0 1"分别作如下修改，则所得最终密实颗粒体系分别如图5-5所示。

修改命令一：ball delete range geometry delete_zone count 0 direction 0 1；

修改命令二：ball delete range geometry delete_zone count 2；

修改命令三：ball delete range geometry delete_zone count 2 direction 1 0。

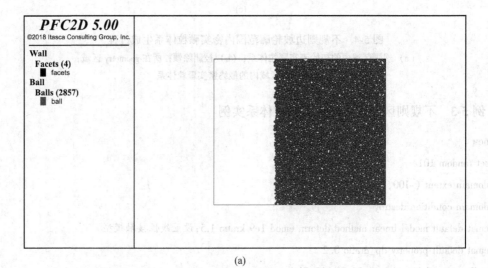

(a)

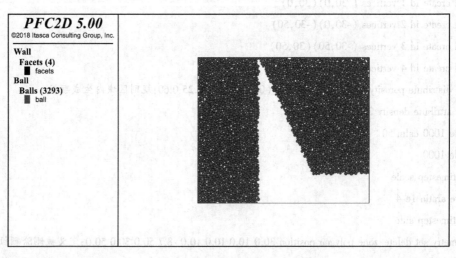

(b)

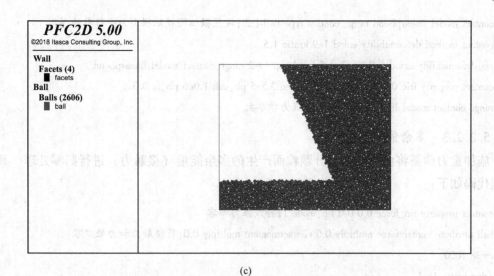

(c)

图 5-5 利用几何图形集定义删除颗粒范围所得结果

(a) 修改命令一；(b) 修改命令二；(c) 修改命令三

5.2.2.2 施加黏结接触模型与细观力学参数

在不规则边坡轮廓范围内生成密实颗粒体系后，需要施加黏结接触模型和相应细观力学参数。具体 PFC 5.0 的接触定义方法详见第 2.4 节，此处介绍施加黏结模型与细观力学参数的接触方法。例 5-4 中的方法，将颗粒间的线性接触模型修改为平行黏结模型。图 5-6 为边坡模型内的接触，其中颗粒与墙体间的接触类型仍为线性接触。

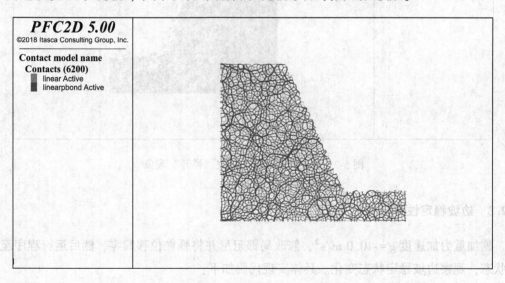

图 5-6 边坡模型内的接触

例 5-4 施加平行黏结模型与细观力学参数实例

```
restore slope_0
```

contact model linearpbond range contact type ball-ball;设置颗粒间接触模型为平行黏结模型
contact method deformability emod 1e9 kratio 1.5…
pb_deformability emod 1e9 kratio 1.5 bond gap 1e-2 range contact model linearpbond
contact property fric 0.5 dp_nratio 0.2 pb_ten 3.5e5 pb_coh 1.0e6 pb_fa 0.0…
range contact model linearpbond;施加细观力学参数

5.2.2.3 多余能量归零

施加重力前需将由于删除部分颗粒而产生的多余能量（接触力）进行归零处理，具体实现代码如下：

contact property lin_force 0.0 0.0 lin_mode 1;将线性力归零
ball attribute contactforce multiply 0.0 contactmoment multiply 0.0;将接触力和力矩归零
cycle 1000
solve aratio 1e-4
save slope_1

若未对多余能量进行归零处理，则会出现如图 5-7 所示的若干颗粒"弹开"现象。

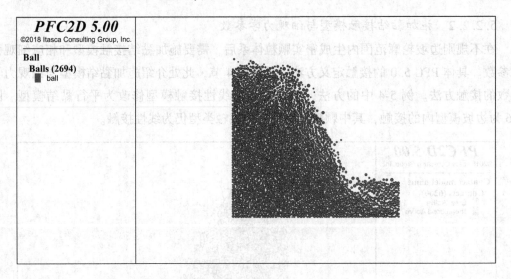

图 5-7　边坡模型内若干颗粒"弹开"现象

5.2.3　边坡稳定性分析

施加重力加速度 $g=-10.0$ m/s^2，修改局部阻尼并将颗粒位移归零，然后运行程序至平衡状态，观察边坡稳定状态变化。具体实现代码如下：

set gravity 0 -10.0
ball attribute damp 0.1 displacement multiply 0.0
cycle 20000
call fracture.p2fis;调用二维裂纹监测文件

```
@track_init ;调用裂纹监测函数
solve aratio 1e-4
save slope_2
```

上述代码中涉及裂纹监测功能，具体实现方法为：首先将 PFC 5.0 自带裂纹监测文件 fracture. p2fis 复制至本项目所在文件夹内，然后在程序运行前进行调用即可。注意：由于本例中的平行黏结键断裂后仅产生张拉型或剪切型两种微破裂形式，因此需将 fracture. p2fis 文件中的 "local mode=entries(3)" 修改为 "local mode=entries(2)"。

如图 5-8 所示，最终边坡模型处于稳定状态，仅个别颗粒出现"松动"现象（见图 5-8 中的箭头）。

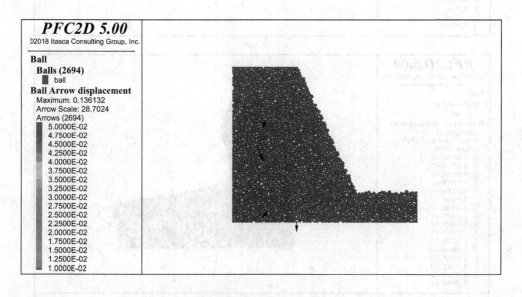

图 5-8 边坡模型最终平衡状态（g=-10.0 m/s^2）

在此基础上，以重力增加法为例计算边坡安全系数。具体模拟方案为：以 0.5 m/s^2 为梯度逐步增大重力加速度 g，重复上述模拟过程直至边坡模型出现失稳，并基于该组模拟时设置的重力加速度计算得到边坡安全系数。图 5-9 和图 5-10 分别为重力加速度 g=-12.5 m/s^2 和 g=-13.0 m/s^2 时的最终边坡模型颗粒位移矢量分布和微破裂事件分布。由图 5-9 和图 5-10 分析可知：当重力加速度 g=-12.5 m/s^2 时，最终边坡模型仅在坡面处出现个别颗粒滑动现象且内部产生部分微破裂事件，即边坡仅产生局部变形与破裂，故仍能保持完整；当重力加速度 g=-13.0 m/s^2 时，最终边坡模型已产生显著变形且形成贯通性破坏面，即边坡已失稳破坏。

综上所述，本实例中基于重力增加法计算所得边坡安全系数约为 1.30。注意：由于边坡稳定性影响因素的复杂性、多变性以及对其认识上的局限性，安全系数的计算结果与边坡实际稳定状况可能不符，计算得到的安全系数仅能从相对意义上看待其准确性。

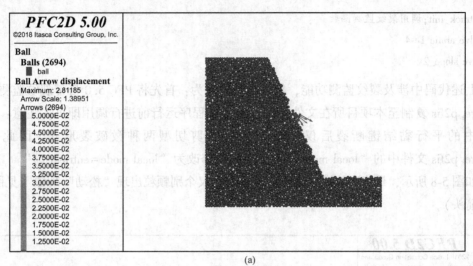

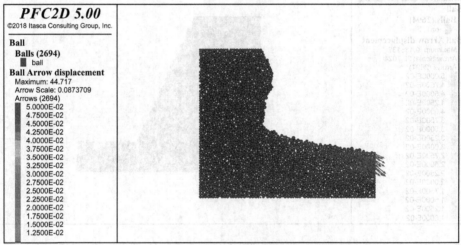

图 5-9 不同重力加速度条件下的最终边坡模型颗粒位移矢量分布

(a) $g=-12.5 \text{ m/s}^2$; (b) $g=-13.0 \text{ m/s}^2$

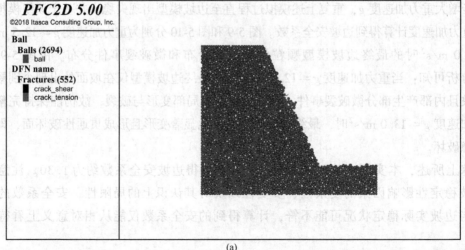

(a)

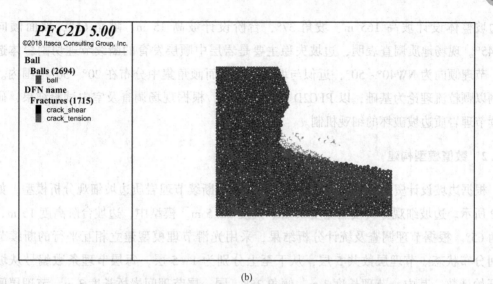

(b)

图 5-10 不同重力加速度条件下的最终边坡模型微破裂事件分布

(a) $g=-12.5 \text{ m/s}^2$；(b) $g=-13.0 \text{ m/s}^2$

5.3 断续节理岩质边坡失稳 PFC 模拟实例

在对边坡工程领域 PFC 应用和边坡工程问题 PFC 模拟过程介绍的基础上，本节介绍边坡工程问题 PFC 断续节理岩质边坡破坏细观机制的模拟实例。

5.3.1 工程背景

穆利亚希北露天铜矿位于赞比亚北部铜带省卢安夏市以西 12 km，为沉积变质型铜矿床。矿区南部边坡出露地层均为顺层坡，岩石以泥岩、泥质石英岩以及泥质石英岩夹云母片岩、砂岩为主，岩体层理、结构面发育，风化程度高，岩体较破碎。

矿区东段上部台阶岩质边坡，呈现出陡-缓相间的台阶状破坏，如图 5-11 所示。该区

图 5-11 现场岩质边坡破坏形态

域边坡整体设计坡高 165 m、坡角 37°，台阶设计坡高 15 m、坡角 65°，坡面倾向为 NW45°。现场地质调查表明，边坡失稳主要是岩层中顺层发育的断续节理切割岩体造成的。节理倾向为 NW40°~50°，近似与坡面一致，而倾角集中分布在 20°~30°范围内。本实例以颗粒流理论为基础，以 PFC2D 程序为平台，根据现场调查及室内试验结果，研究断续节理岩质边坡破坏的细观机制。

5.3.2 数值模型构建

根据边坡设计资料及现场地质调查结果，建立断续节理岩质边坡细观分析模型，如图 5-12 所示。边坡细观分析模型宽度 30 m、高度 22.5 m。模型中，边坡台阶高度 15 m，边坡角 65°。根据节理调查及统计分析结果，采用光滑节理模型建立相互平行的断续节理空间分布状态。节理层数共 5 层，从下至上分别为 1~5 层，每层节理条数编号从坡面起开始计数。其中，节理长度 3 m、倾角 25°。同一层节理间岩桥长度 3 m，节理层间距离 2.14 m。断续节理生成可使用命令 dfn template 和 dfn generate 实现。

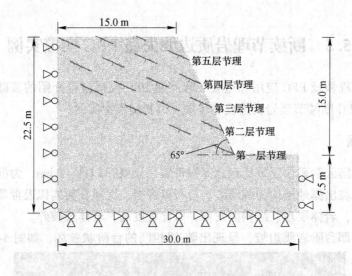

图 5-12 断续节理岩质边坡细观分析模型

本实例中研究区域东段上部台阶岩质边坡岩性主要为泥质石英岩，试验得到泥质石英岩弹性模量 5.96 GPa、单轴抗压强度 34.5 MPa、泊松比 0.15、密度 2560 kg/m^3，泥质石英岩节理面黏聚力为 149.33 kPa、内摩擦角为 12.35°。根据岩石单轴压缩试验、节理面直剪试验，通过室内试验与数值试验结果的反复调试对比，最终确定的黏结颗粒体模型及光滑节理模型细观力学参数见表 5-1。断续节理岩质边坡数值模型中的颗粒最小半径为 5×10^{-2} m，最大与最小粒径比为 1.66。模型边界条件为：左右边界限制 x 方向位移，底部限制 x、y 方向位移。采用重力增加法复现断续节理岩质边坡的失稳现象及过程。

表 5-1 断续节理岩质边坡模型细观力学参数

	最小颗粒半径/mm	颗粒最大与最小粒径比	颗粒密度/kg·m⁻³	粒间摩擦系数	颗粒弹性模量/GPa	颗粒法向与切向刚度比	
颗粒体	0.5	1.66	2500	0.5	4.8	1.3	
	平行黏结半径系数	平行黏结弹性模量/GPa	平行黏结法向与切向刚度比	平行黏结法向强度平均值/MPa	平行黏结法向强度标准差/MPa	平行黏结切向强度平均值/MPa	平行黏结切向强度标准差/MPa
	1	4.8	1.3	23	2.3	23	2.3
光滑节理	法向刚度/N·m⁻¹		切向刚度/N·m⁻¹		摩擦系数	剪胀角/(°)	
	2×10⁷		2×10⁷		0.2	0	
	黏结模式		黏结法向强度/MPa		黏聚力/MPa	黏结系统摩擦角/(°)	
	0		0		0	0	

5.3.3 数值模拟结果分析

模拟结果表明：边坡断续节理岩体岩桥的破坏模式可分为模式Ⅰ、模式Ⅱ、模式Ⅲ。其中，模式Ⅲ可分为两个亚类，即模式Ⅲ-a 和模式Ⅲ-b，如图 5-13 所示。

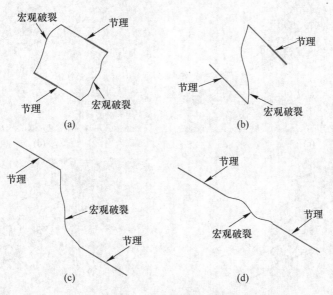

图 5-13 岩桥破坏模式分类
(a) 模式Ⅰ；(b) 模式Ⅱ；(c) 模式Ⅲ-a；(d) 模式Ⅲ-b

图 5-14 为顺层断续节理岩质边坡在破坏过程中，微破裂孕育及发展的时空演化过程。重度增加 10 倍后，模型中开始产生微破裂，在不同模拟时刻，张拉型微破裂占主导。当模拟从 5000 时步至 10000 时步时，微破裂主要发生在第一至第三层、第三至第四层节理

间，表现为Ⅱ型岩桥破坏模式。随着边坡底部岩体破坏发生下滑，当模拟从 10000 时步至 17500 时步时，微破裂先在第一层与第二层、第二层与第三层节理间发生，表现为Ⅲ-a 型岩桥破坏模式，随之在第二层节理间发生，表现为Ⅲ-b 型岩桥破坏模式。边坡底部岩体滑移牵引上部岩体进一步破坏，当模拟从 17500 时步至 22500 时步时，微破裂主要在第三层与第五层、第四层与第五层节理间发生Ⅰ型岩桥破坏模式。不同阶段产生的微破裂组成了从边坡坡脚至坡顶的台阶状宏观破裂，从而导致滑体产生并与边坡母体脱离。

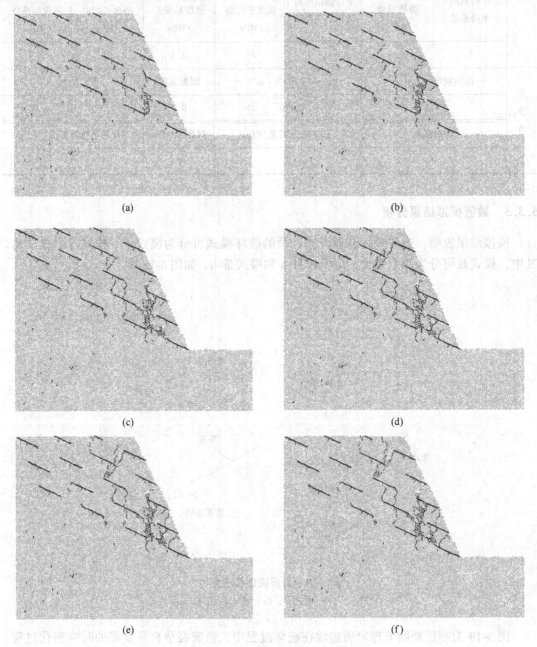

图 5-14　微破裂时空孕育演化过程
(a) 5000 时步；(b) 10000 时步；(c) 15000 时步；(d) 17500 时步；(e) 20000 时步；(f) 22500 时步

前述分析表明，顺层断续节理岩质边坡失稳破坏具有如下特征：(1) 滑塌主要由断续节理端部间岩桥破裂贯通带及原生节理导致；(2) 微破裂从坡底节理端部开始产生，逐渐向坡体上部发展；(3) 滑塌底部形态较为平直，其破断面由原生节理及同层节理端部间的岩桥贯通破坏组成，同层节理端部间岩桥破坏为模式Ⅲ-b；(4) 滑塌后部形态呈台阶状，其破断面由原生节理及相邻层节理端部间的岩桥贯通破坏组成，相邻层节理端部间岩桥破坏主要为模式Ⅲ-a。

图 5-15 为边坡失稳过程中破碎颗粒体的时空演化过程。由于微破裂的产生，破碎颗粒体代表与边坡母体脱离的岩块，不同灰度代表不同破碎颗粒体。破碎颗粒体由多个圆形颗粒组成，破碎颗粒体内部颗粒间仍具有黏结强度，其黏结并未破坏。

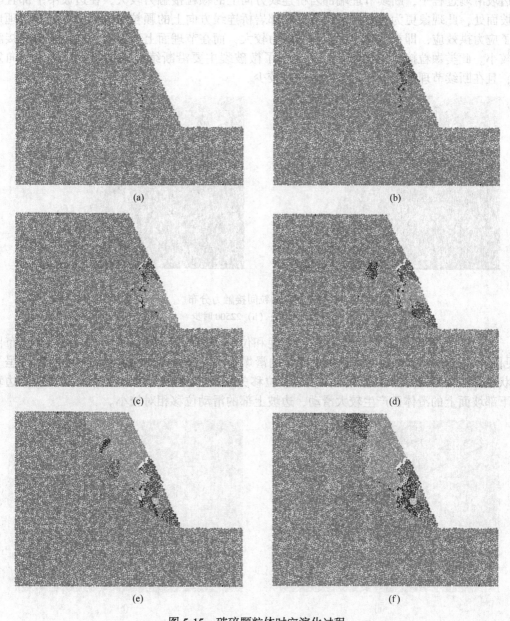

图 5-15 破碎颗粒体时空演化过程

(a) 5000 时步；(b) 10000 时步；(c) 15000 时步；(d) 17500 时步；(e) 20000 时步；(f) 22500 时步

随着边坡底部岩体开始滑移，从 5000 时步至 15000 时步，边坡内先是产生零星的小型破碎颗粒体，然后边坡中下部逐渐形成大型的楔形破碎颗粒体，其形态呈后缘陡峭、底部平缓的特征。模拟至 17500 时步，边坡下部破碎颗粒体进一步扩大，边坡深部也开始产生破碎颗粒体。模拟至 22500 时步，边坡中部、下部、上部产生的破碎颗粒体贯通边坡底部至顶部，导致边坡失稳。可以发现，滑塌底部较平直，后缘呈台阶状破坏形态。

图 5-16 为边坡滑塌前后颗粒间的接触力分布。如图 5-16（a）所示，模型计算前，在靠近坡面处，颗粒间接触力方向近似平行于坡面方向，在垂直于坡面方向接触力很小。随着向坡体内延伸，颗粒间接触力以自重应力为主，水平应力为辅。如图 5-16（b）所示，在边坡滑塌过程中，断续节理端部岩桥连线方向上的颗粒接触力较大，在边坡中下部且靠近坡面处，此现象更为明显。断续节理端部岩桥连线方向上的颗粒接触力，围绕着节理形成了应力拱效应，即在节理端部颗粒接触力较大，而在节理面上下表面一定范围内的接触力较小。此类颗粒接触力分布特征，造成了微破裂主要沿断续节理端部岩桥连线方向发展，且在断续节理面上下一定范围内分布较少。

 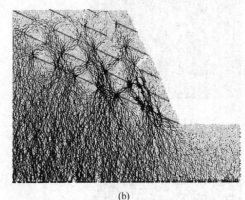

(a)　　　　　　　　　　　　　　(b)

图 5-16　颗粒间接触力分布
(a) 0 时步；(b) 22500 时步

图 5-17 为模拟终了时刻模型颗粒速度和位移矢量分布情况。颗粒速度矢量分布图（见图 5-17（a））直观显示了边坡失稳时的滑塌范围，整个滑体后部呈台阶状，底部呈平直状，且边坡中下部滑动速率较大。颗粒位移矢量分布图（见图 5-17（b））表明：边坡中下部坡面上的滑体已产生较大滑动，边坡上部的滑动位移相对较小。

(a)　　　　　　　　　　　　　　(b)

图 5-17　颗粒速度和位移分布（22500 时步）
(a) 速度矢量；(b) 位移矢量

习 题

5-1 简述边坡工程问题研究方法。
5-2 简述 PFC 在边坡工程领域的应用。
5-3 简述 PFC 边坡安全系数的两种主要定义方式。
5-4 简述边坡工程问题 PFC 模拟的主要步骤。
5-5 简述在 PFC 不规则区域内生成密实颗粒体系的有效方法。
5-6 如何在 PFC 中实现对边坡模型内部裂纹演化过程的实时监测?
5-7 如何在 PFC 边坡模型中设置不同数量、长度、角度和粗糙度的节理?
5-8 简述土质边坡和岩质边坡在 PFC 模拟过程、失稳模式及其细观机理等方面的异同。
5-9 简述利用命令和 FISH 函数对 PFC 边坡模型动力响应问题的模拟与分析过程,并阐释地震等内动力作用对边坡稳定性的影响。
5-10 编程复现第 5.2 节中的边坡工程问题 PFC 模拟过程;分别修改颗粒局部阻尼为 0.4 和 0.7,重复模拟过程并计算相应的边坡安全系数。结合三组模拟结果,阐释 PFC 中局部阻尼的能量耗散机制与选取原则。

6 放矿问题 PFC 模拟

矿产资源是重要的不可再生自然资源，是国家经济建设的基础物质材料。随着我国进入工业化中期后国民经济的快速发展，矿产资源等基础能源的需求量急剧增加。我国本身是一个富矿少、贫矿多的国家，采矿成本一直居高不下，导致国内矿产资源总量供需失衡，相当程度上依赖进口。因此，扩大矿产资源开采规模，降低开采成本，对于提高我国矿产资源自给率以及增强对社会经济发展的支撑力度具有重要意义。崩落采矿法的特点是连续回采，覆岩下放矿，以崩落覆岩充填采空区的方式管理地压，在国内外金属矿山广泛应用。崩落采矿法主要应用于开采厚大矿体、急倾斜中厚至厚矿体。在回采过程中，不划分矿房和矿柱，而是按照一定的回采顺序一步骤连续回采。该采矿方法生产工艺简单，生产能力大，成本低且管理方便，是高强度、高效益的地下采矿方法之一。根据垂直方向上崩落单元的划分，崩落采矿法可分为单层崩落法、分层崩落法、分段崩落法、阶段强制崩落法和自然崩落法五种基本形式。

随着地下矿山开采深度的不断增加以及采矿技术的不断提高，崩落采矿法在地下金属矿山的应用越来越广泛。对于崩落法矿山尤其是自然崩落法矿山而言，由于其初期投资成本较高，加之采场结构调整的灵活性较差，因此在开采过程中达到经济上可接受的矿石贫损指标变得十分重要。崩落法采矿过程中，采场结构参数的确定受到矿岩体、结构面的物理力学参数及其破裂过程的制约，而放矿结构参数受矿岩散体流动特性的制约。采用合理的结构参数及放矿控制措施能够实现地下矿山的高效、安全开采，并且最大限度地降低矿石损失率和贫化率。对矿山而言，这是一项十分重要且技术性很强的工作。

放矿是崩落采矿法中将采下的矿石在崩落围岩覆盖下放至出矿巷道的流动过程和放出作业。目前，有关崩落法放矿问题的研究方法主要有三种：理论分析方法、试验分析方法和数值分析方法。由于理论分析的局限性，物理试验和原位试验的大工作量与长周期性以及不同矿体赋存边界条件的复杂性等弊端，传统的放矿理论和放矿试验分析方法已不能适应和满足当前放矿技术发展的需要。数值分析方法是进行崩落法放矿问题分析的一种有效计算手段。放矿数值模拟主要是基于有限差分法、有限单元法、离散单元法或者元胞自动机理论等方法构建放矿模型，研究各类放矿问题。其中，基于颗粒离散元的 PFC 软件进行放矿数值试验及放矿方案选择方便灵活且具有可重复试验的功能，能够从细观角度对崩落矿岩这一散体材料的移动规律进行本质性地分析和描述，直观地表明矿石移动、回收与残留以及岩石混入过程。近年来，PFC 软件在基于崩落法开采、综放开采等采矿方法的金属矿、煤矿等地下矿山放矿中的应用愈发成熟和广泛。针对放矿问题 PFC 模拟，本章分别介绍三个方面的内容：PFC 在崩落法放矿领域的应用、放矿问题 PFC 模拟过程和放矿问题 PFC 模拟实例。

6.1 PFC 在崩落法放矿领域的应用

颗粒物质是由大量具有宏观大小的粒子汇聚而成的离散体系，在日常生活、工业生产和自然灾害中广泛存在且影响巨大，是采矿工程、土木工程、物理、材料、化学化工及其交叉学科共同的研究对象。地下矿山开采过程中由爆破作用或自然崩落形成的矿岩散体即是一种典型的颗粒物质体系，以矿岩散体作为主要研究对象的放矿问题研究一直是地下金属矿山崩落法开采过程中的一个关键课题。基于颗粒流理论的 PFC 软件允许离散颗粒产生位移和旋转，随着计算过程可以自动识别新的接触，能够模拟和分析矿岩颗粒材料运移、挤压、碰撞和破裂的物理现象和细观力学机理，具有操作性强、准确性高等优点。目前，PFC 在崩落法放矿领域主要应用于放出体与松动体形态变化规律（崩落矿岩运移机理）研究、崩落矿岩二次破裂规律研究、细小矿岩颗粒穿流特性研究以及崩落矿岩堵塞（堵口）特性研究。

6.1.1 放出体与松动体形态变化规律研究

放出体与松动体形态变化规律研究是放矿理论研究的核心，也是放矿问题研究的关键。基于放出体与松动体形态变化规律，能够高效分析预测不同边界条件和不同散体堆积条件下崩落矿岩堵塞、运移与穿流特性，相邻放矿口间的相互作用规律，矿石的损失率与贫化率等，进而为揭示矿岩散体运移演化机理，优化采场结构参数与放矿方式以及开展矿山压力监测和控制等提供科学依据。

已有研究表明：不同边界条件和不同散体堆积条件下形成的放出体与松动体形态并非均为标准椭球体，也可为类椭球体、倒置或正置水滴形，甚至呈现若干非轴对称形态。因此，建立矿岩散体物理力学特性、堆积体系多尺度结构与力学特性以及放出体与松动体宏观形态变化规律之间的定量关系，形成统一的放出体与松动体形态变化方程或理论是当前放矿问题研究的难点和关键。

基于颗粒流理论的 PFC 软件十分适合模拟崩落矿岩这类无黏结或弱黏结颗粒材料运移问题。利用 FISH 语言编程能够实现放矿过程中放出体与松动体形态可视化以及实时获取放出矿岩质量、放出体与松动体高度、最大宽度等重要指标，从而为崩落矿岩运移演化特性与贫损指标的快速、准确分析提供参考。

6.1.2 崩落矿岩二次破裂规律研究

实际放矿过程中涉及三类矿岩的破裂现象：自然破裂（in-situ or natural fragmentation）、初始破裂（primary fragmentation）和二次破裂（secondary fragmentation）。其中，自然破裂矿岩是指在进行任何开采工作之前，矿岩体内自然存在的散体；初始破裂矿岩是指随着拉底和开采工作的开展，从矿岩体中冒落、分离出的散体；二次破裂矿岩是指放矿过程中由于初始破裂矿岩不断向下移动，再次发生破裂而形成的散体。具体破裂形式包括：点荷载破裂（point load splitting）、角磨损破裂（corner rounding）、磨碎（comminution）、压碎（crushing）等。上述矿岩破裂现象，尤其是二次破裂对放矿过程以及最终的放矿结果影响很大。实际矿山中的矿岩散体形状不规则，且在放矿过程中会由于相互之间的挤压和剪切作用而出现二次破裂现象，形成新的不规则散体。由于实际的放矿室内试验模型，仅能达到几何相似，不能完全满足力学相似，因此，试验中散体材料不会出现二次破裂现象，即难以通过室内试验的手段对崩落矿岩二次破裂问题进行有效研究。

利用 PFC 软件构建二维或三维不规则颗粒簇模型，能够模拟实际不规则崩落矿岩形状。在此基础上，依据放矿室内试验中所用散体材料的物理力学性质，确定放矿数值模型及颗粒的黏结强度、摩擦系数等细观力学参数，从而开展各类放矿数值模拟，研究崩落矿岩二次破裂规律及其对放矿过程与结果的影响规律，丰富现有放矿理论与技术，提高矿山放矿决策与管理水平。具体崩落矿岩二次破裂 PFC 模拟过程与结果分析详见第 6.3.1 节"基于不规则颗粒簇的放矿 PFC 模拟实例"。

6.1.3 细小矿岩颗粒穿流特性研究

在崩落法采矿中，矿石和围岩直接接触，由于采场中崩落矿岩的粒径极不均匀，且在放矿过程中废（岩）石随矿石一同向放矿口方向移动，极易造成废石的提前混入，增加矿石的损失和贫化，降低经济效益。

研究表明：在散体粒径分布较均匀的情况下，散体粒径与上覆小颗粒粒径之比以及散体颗粒的扰动是决定细小颗粒穿流的主要因素，即细小颗粒必须借助重力和扰动作用才能在大粒径散体间穿流。然而，对于不均匀粒径分布的散体而言，扰动所形成颗粒间隙会由邻近的细小颗粒填充，阻止上方颗粒进一步穿流。真实地下矿山采场中的矿岩散体粒径极不均匀，这就导致其中细小颗粒的运移形式极为复杂。

一般认为，细小颗粒在矿岩散体中的运移形式主要包括三种：

（1）随粗颗粒一同运移。此种运移形式下矿岩散体间的空隙较小，形成的空隙易于被粗细颗粒一同快速填充，不足以支持细小颗粒穿流，故其穿流量较小。

（2）在粗颗粒或相同粒径颗粒间滚动。此种运移形式对应于散体粒径较大的情形，在崩落矿岩运移过程中形成的空隙尺寸足够大且数目足够多，能够容纳细小颗粒在其间自由滚动。故相较于第一种情形，该情形下细小颗粒的穿流率明显增加。

（3）在粗颗粒间自由下落。在此种情形下，矿岩散体平均粒径和粗细颗粒粒径比均足够大，矿岩散体间的空隙尺寸与数目进一步增加，细小颗粒能够在空隙间借助重力和碰撞自由下落。

利用 PFC 软件构建基于不均匀粒径分布的矿岩散体堆积模型，开展剪切和放矿数值试验，能够模拟和探究不同边界条件、不同颗粒形状、粒径与级配条件下的矿岩散体穿流特性，揭示不同因素对细小颗粒穿流特性和矿石贫损指标的影响机制，为优化爆破参数与放矿方式等提供有益参考。

6.1.4 崩落矿岩堵塞特性研究

崩落矿岩堵塞（hang-ups）是崩落法矿山实际生产中常见，但十分不好察觉与处理的现象，它的出现会直接影响放矿口的可用性和矿岩散体的流动能力，进而显著影响矿山的安全、生产效率和采场结构参数设计等。一般而言，崩落矿岩堵塞现象是指在放矿口上方或溜井内形成了由若干矿岩散体组成的拱形结构，其主要受崩落矿岩的几何和力学性质（如粒度分布、形状、摩擦属性和强度）、矿岩散体堆积高度、含水率、放矿口宽度和放矿方式等因素的影响。崩落矿岩堵塞现象本质上属于一种局域颗粒体系的阻塞相变,即局域矿岩颗粒由力学非稳定的流动相态转变为力学稳定的堵塞相态,这一相变过程伴随着复杂的颗粒体系结构与力学特性转变。

利用 PFC 软件构建各类放矿数值模型,能够模拟和探究不同矿岩散体堆积状态下的堵塞频率、堵塞范围和成拱难易性等,从细观力学角度揭示崩落矿岩粒径、摩擦属性和上覆应力等因素对崩落矿岩堵塞特性的影响机制,为采场结构参数与放矿方案设计、矿岩可崩性分析、堵塞频率预测等提供可靠支撑。

6.2 放矿问题 PFC 模拟过程

针对放矿问题 PFC 模拟,尚无可直接使用的类似 fistPkg 的软件包。本节将介绍放矿问题 PFC 模拟的主要步骤,图 6-1 为放矿问题 PFC 模拟流程。

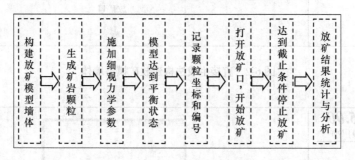

图 6-1　放矿问题 PFC 模拟流程

6.2.1　构建放矿模型墙体

放矿问题 PFC 模拟,需要构建放矿模型墙体,主要方式包括两种:

(1) 例 6-1 中的基于节点坐标,使用命令 wall create 直接生成表示放矿模型边界的若干墙体。放矿模型宽度与高度分别为 50 m 与 80 m,放矿口宽度为 5 m,墙体生成结果如图 6-2 所示。

(2) 例 6-2 中的基于规则排列颗粒生成方法和命令 ball fix 构建由若干固定颗粒构成的放矿模型墙体,颗粒墙生成结果如图 6-3 所示。

例 6-1　直接生成法构建放矿模型墙体实例

```
new
set random 1001
domain extent -100 100
wall create id 1 vertices (0,0)(0,90)
wall create id 2 vertices (0,0)(22.5,0)
wall create id 3 vertices (22.5,0)(27.5,0) ;表示底部放矿口的墙体,编号为 3
wall create id 4 vertices (27.5,0)(50,0)
wall create id 5 vertices (50,0)(50,90)
wall create id 6 vertices (50,90)(0,90)
```

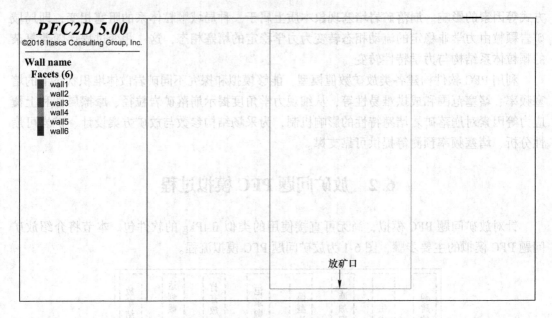

图 6-2　直接生成法构建放矿模型墙体

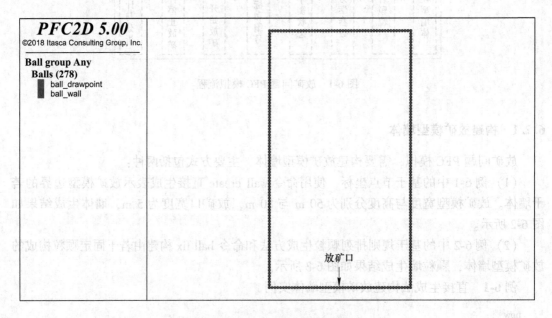

图 6-3　基于规则排列颗粒构建放矿模型墙体

例 6-2　基于规则排列颗粒构建放矿模型墙体实例

new
set random 1001
domain extent -100 100
define left_wall ;生成左侧颗粒墙
left_ball_num = 90

```
left_px = -25
left_py = 0.5
loop local j (1,left_ball_num)
command
    ball create radius 0.5 x [left_px] y [left_py] group 'ball_wall'
endcommand
left_py = left_py + 1.0
endloop
end
define right_wall;生成右侧颗粒墙
right_ball_num = 90
right_px = 25
right_py = 0.5
loop local j (1,right_ball_num)
command
    ball create radius 0.5 x [right_px] y [right_py] group 'ball_wall'
endcommand
right_py = right_py + 1.0
endloop
end
define bottom_wall;生成底部颗粒墙
bottom_ball_num = 49
bottom_px = -24
bottom_py = 0.5
loop local j (1,bottom_ball_num)
command
    ball create radius 0.5 x [bottom_px] y [bottom_py] group 'ball_wall'
endcommand
bottom_px = bottom_px + 1.0
endloop
end
define top_wall;生成顶部颗粒墙
top_ball_num = 49
top_px = -24
top_py = 89.5
loop local j (1,top_ball_num)
command
    ball create radius 0.5 x [top_px] y [top_py] group 'ball_wall'
endcommand
top_px = top_px + 1.0
endloop
end
@left_wall
```

@right_wall
@bottom_wall
@top_wall
ball group 'ball_drawpoint' range x -3 3 y 0 1;将表示底部放矿口的若干颗粒设置分组为"ball_drawpoint"
ball attribute density 2700 damp 0.7
ball property kn 1e9 ks 1e9
ball attribute v 0 s 0;将颗粒平动和转动速度清零
ball fix v s;固定表示墙体的颗粒

6.2.2 构建无黏结矿岩颗粒堆积模型

在生成放矿模型墙体的基础上，构建无黏结矿岩颗粒堆积模型，主要包括三个步骤：指定区域内生成密实颗粒体系、施加线性接触模型与细观力学参数，以及模型达到初始平衡状态，具体实现过程见例6-3。图6-4为构建无黏结矿岩颗粒的堆积模型，该模型为底部单口放矿模型，模型内的颗粒-颗粒、颗粒-墙体接触模型均为线性接触模型，矿石层和岩石层高度均为40 m，矿石和岩石密度分别为3500 kg/m^{3}和2000 kg/m^3。需要说明的是：除了例6-3中使用的挤压排斥法外，也可使用第2.6节中介绍的其他颗粒生成方法构建矿岩颗粒堆积模型。

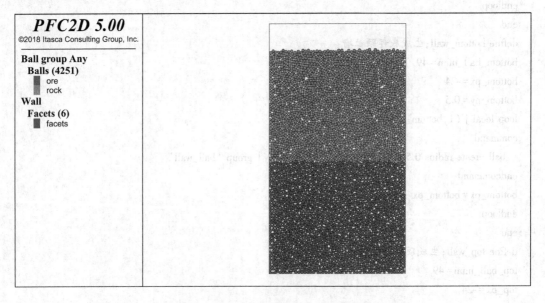

图6-4 构建无黏结矿岩颗粒的堆积模型

例6-3 构建无黏结矿岩颗粒堆积模型实例

cmat default type ball-ball model linear property kn 1e8 ks 1e8 fric 0.20 dp_nratio 0.2;设置颗粒间的接触模型为线性接触
cmat default type ball-facet model linear property kn 1e9 ks 1e9 fric 0.50 dp_nratio 0.2;设置颗粒与墙体间的接触模型为线性接触
ball distribute porosity 0.20 box (0,50)(0,90) radius 0.4 0.6;指定区域内生成若干颗粒

```
ball attribute density 3500
cycle 1000 calm 100
set gravity 9.81
solve aratio 1e-4
ball delete range y 80 90
cycle 2000
solve aratio 1e-4
ball group 'ore' range y 0 40;将高度为 0~40 m 的颗粒设置分组为矿石"ore"
ball group 'rock' range y 40 90;将高度为 40~80 m 的颗粒设置分组为岩石"rock"
ball attribute density 2000 range group 'rock';设置岩石颗粒密度为 2000 kg/m³
ball property friction 0.5
cycle 2000
solve aratio 1e-4;运行矿岩颗粒堆积模型至平衡状态
save packing
```

6.2.3 矿石贫化率计算

在放矿模拟过程开始前，需要记录初始堆积状态时的矿岩颗粒坐标、编号、半径等信息。例 6-4 中，可以使用 FISH 函数 ball.extra 存储当前时刻矿岩颗粒的几何与位置等参数，以便于后续确定放矿截止条件。

例 6-4 记录矿岩颗粒几何与位置信息实例

```
Define Record_ball_inf
    loop foreach local bp ball.list
        ball.extra(bp,1) = ball.pos.x(bp);将颗粒当前的 x 坐标存储于 ball.extra(bp,1)中
        ball.extra(bp,2) = ball.pos.y(bp);将颗粒当前的 y 坐标存储于 ball.extra(bp,2)中
        ball.extra(bp,3) = ball.radius(bp);将颗粒半径存储于 ball.extra(bp,3)中
    endloop
end
@Record_ball_inf
```

使用命令 wall create 在放矿模型底部生成"盒型"墙体承载放出矿岩颗粒，再使用命令 wall delete 删除表示放矿口的 3 号墙体，开始放矿。例 6-5 中放矿截止条件为放出矿岩高度达 50 m 时停止出矿，具体编程思路为：首先运行放矿模型，使矿岩颗粒在重力作用下相继通过放矿口被放出；然后，自定义函数 HaltControl，判断模型运行过程中是否达到放矿截止条件，即针对每一个放出矿岩颗粒（当前 y 坐标小于 0 的颗粒），若其在放矿开始前初始堆积状态时的 y 坐标（已存储于 ball.extra(bp,2) 中）大于等于 50 m，则判定当前放出矿岩高度已达 50 m，重新生成表示放矿口的 3 号墙体，停止出矿。图 6-5 为放矿过程中的模型墙体。注意：通常实际崩落法矿山放矿过程中采用的放矿方式为截止品位放矿，即单次放出矿岩颗粒的品位小于设定的放矿截止品位（如 18%、20% 等），则停止出矿。

例 6-5 放矿截止条件设置实例

```
wall create id 7 vertices (-10,0)(-10,-40);生成"盒型"墙体承载放出矿岩颗粒
```

```
wall create id 8 vertices (-10,-40)(60,-40)
wall create id 9 vertices (60,-40)(60,0)
wall delete range id 3;删除表示放矿口的3号墙体
[temp=0]
Define HaltControl;设置放矿截止条件:当放出矿岩高度达50 m时停止出矿
    loop foreach local bp ball.list
        if ball.pos.y(bp)< 0.0;判断该颗粒是否被放出,即y坐标是否小于0
            if ball.extra(bp,2)>=50.0;判断放出矿岩高度是否达50 m
                command
                    wall create id 3 vertices (22.5,0)(27.5,0);重新生成表示放矿口的3号墙体,停止出矿
                endcommand
                temp=1
            endif
            HaltControl=temp
        endif
    endloop
end
solve fishhalt @HaltControl
```

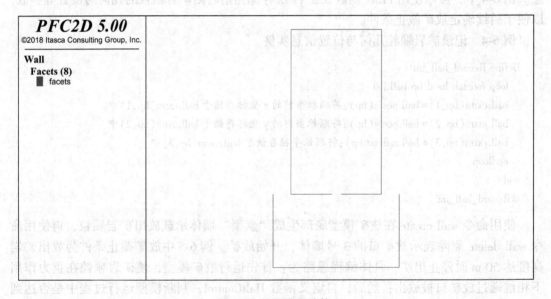

图 6-5　放矿模型墙体

放矿过程结束后,用例6-6中的自定义函数 Count_dilution_rate 计算矿石贫化率。具体编程思路为:针对所有放出颗粒,首先根据其分组分别统计放出矿石和岩石的总质量;然后,计算矿石贫化率(放出岩石颗粒总质量与放出矿岩颗粒总质量之比),并利用命令 list 显示其计算结果。图6-6为例6-6中的放矿过程和最终状态图。

例 6-6　矿石贫化率计算实例1

```
[ore_mass_drawn=0.0];自定义表示放出矿石总质量的变量 ore_mass_drawn
```

6.2 放矿问题PFC模拟过程

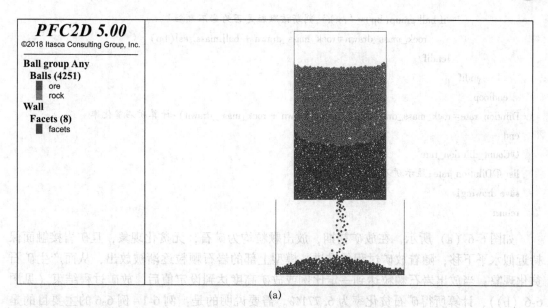

图 6-6 放矿过程和最终状态图
(a) 放矿过程图; (b) 放矿最终状态图

[rock_mass_drawn = 0.0];自定义表示放出岩石总质量的变量 rock_mass_drawn

[Dilution_rate = 0.0];自定义表示矿石贫化率的变量 Dilution_rate

Define Count_dilution_rate;自定义函数 Count_dilution_rate 计算矿石贫化率
  loop foreach local bp ball.list
    if ball.pos.y(bp) < 0.0;判断该颗粒是否被放出,即 y 坐标是否小于0
      if ball.group(bp) = 'ore';判断该颗粒是否为矿石颗粒
        ore_mass_drawn = ore_mass_drawn + ball.mass.real(bp)
      endif

```
            if ball.group(bp) = 'rock';判断该颗粒是否为岩石颗粒
                rock_mass_drawn = rock_mass_drawn + ball.mass.real(bp)
            endif
        endif
    endloop
    Dilution_rate = rock_mass_drawn/(ore_mass_drawn + rock_mass_drawn);计算矿石贫化率
end
@Count_dilution_rate
list @Dilution_rate;显示矿石贫化率计算结果
save drawing1
return
```

如图6-6(a)所示,在放矿初期,放出颗粒均为矿石,无贫化现象,且矿岩接触面保持近似水平下移;随着放矿过程的推进,模型上部的岩石颗粒逐渐被放出,从而产生矿石贫化现象;当放出岩石颗粒达到一定比例或放矿高度达到设定值后,放矿过程结束(见图6-6(b)),计算所得矿石贫化率为6.771%。需要说明的是:例6-1~例6-6的主要目的是介绍放矿问题PFC模拟的一般流程及相应的实现代码,并非严格意义上的放矿过程精准模拟,其作出了如下简化:(1)颗粒形状简化,将不规则崩落矿岩简化为圆形或球形颗粒;(2)颗粒堆积高度简化,放矿过程中未保持崩落矿岩堆积高度不变;(3)出矿方式简化,将断续出矿方式简化为连续出矿方式。其中,出矿方式简化往往是初学者对实际放矿过程认知不清所致,故下面对断续出矿方式作介绍。

断续出矿方式是指单次出矿过程结束后,待整个矿岩颗粒堆积体系达平衡状态再进行下一次出矿。例6-7中,基于断续出矿方式的放矿过程模拟编程思路为:首先,在放矿模型底部生成宽度与高度均为5 m的"盒型"墙体承载放出矿岩颗粒,并以此控制单次出矿量;然后,运行矿岩颗粒堆积模型至平衡状态,统计单次放出矿岩颗粒质量并删除放出颗粒;重复上述单次放矿过程,直至放出矿岩高度达50 m时,重新生成表示放矿口的3号墙体,停止出矿;最后,计算并显示矿石贫化率结果。通过上述断续出矿方式能够更好地模拟实际放矿过程中的铲运机出矿或物理试验放矿过程中每次从放矿口放出一定量的矿岩散体。图6-7为例6-7中的放矿过程和最终状态图。

例6-7 矿石贫化率计算实例2

```
restore packing;调用矿岩颗粒初始堆积模型文件
Define Record_ball_inf;自定义函数Record_ball_inf记录矿岩颗粒几何与位置信息
    loop foreach local bp ball.list
        ball.extra(bp,1) = ball.pos.x(bp)
        ball.extra(bp,2) = ball.pos.y(bp)
        ball.extra(bp,3) = ball.radius(bp)
    endloop
end
@Record_ball_inf
wall create id 7 vertices (22.5,0)(22.5,-5);生成"盒型"墙体承载放出矿岩颗粒
wall create id 8 vertices (22.5,-5)(27.5,-5)
```

```
wall create id 9 vertices (27.5,-5)(27.5,0)
wall delete range id 3;删除表示放矿口的3号墙体
[temp=0]
[ore_mass_drawn=0.0];自定义表示放出矿石总质量的变量ore_mass_drawn
[rock_mass_drawn=0.0];自定义表示放出岩石总质量的变量rock_mass_drawn
[Dilution_rate=0.0];自定义表示矿石贫化率的变量Dilution_rate
Define Count_mass_drawn;自定义函数统计累计放出矿岩颗粒质量
    loop foreach local bp ball.list
         if ball.pos.y(bp)< 0.0;判断该颗粒是否被放出,即y坐标是否小于0
              if ball.group(bp)='ore';判断该颗粒是否为矿石颗粒
                   ore_mass_drawn=ore_mass_drawn+ball.mass.real(bp)
              endif
              if ball.group(bp)='rock';判断该颗粒是否为岩石颗粒
                   rock_mass_drawn=rock_mass_drawn+ball.mass.real(bp)
              endif
         endif
    endloop
end
Define HaltControl;设置放矿截止条件:当放出矿岩高度达50 m时停止出矿
    if mech.solve("aratio")< 1e-4;判断当前时刻矿岩颗粒堆积模型是否达平衡状态
       command
         @Count_mass_drawn
       endcommand
       loop foreach local bp ball.list
         if ball.pos.y(bp)< 0.0;判断该颗粒是否被放出,即y坐标是否小于0
           if ball.extra(bp,2)>=50.0;判断放出矿岩高度是否达50 m
              command
                   wall create id 3 vertices (22.5,0)(27.5,0);重新生成表示放矿口的3号墙体,停止出矿
              endcommand
              temp=1
           endif
           HaltControl=temp
         endif
       endloop
       command
         ball delete range y -5 0;删除放出颗粒
       endcommand
    endif
end
solve fishhalt @HaltControl
[Dilution_rate=rock_mass_drawn/(ore_mass_drawn+rock_mass_drawn)];计算矿石贫化率
list @Dilution_rate;显示矿石贫化率计算结果
```

```
save drawing2
return
```

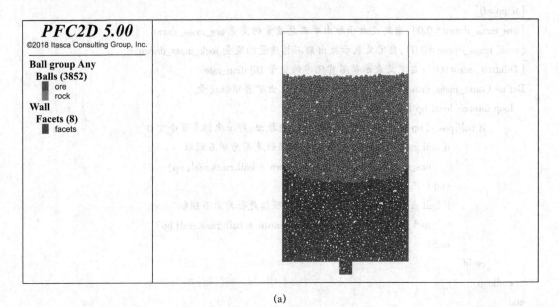

图 6-7 放矿过程和最终状态图
(a) 放矿过程图；(b) 放矿最终状态图

如图 6-7 (a) 所示，当底部"盒型"墙体内填充满放出颗粒后，整个矿岩颗粒堆积模型逐渐达到平衡状态，单次放矿过程结束；删除放出颗粒后，下一次放矿过程开始，岩石颗粒逐渐被放出，导致矿石贫化；当放出矿岩高度达 50 m 时，整个放矿过程结束（见图 6-7 (b)），计算所得矿石贫化率为 7.592%。与连续出矿方式相比，断续出矿方式虽然模拟周期更长，模拟效率较低，但模拟过程更符合实际崩落法矿山的放矿过程，故模拟结果更为准确。另外，与连续出矿方式相比，采用断续出矿方式时，放矿口上方局域内的矿岩颗粒堆积体系更为密实，颗粒间内锁力更大。因此，以相同矿岩颗粒放出高度作为放矿截止条件时，采用断续出矿方式所得累计放出矿石质量更小，矿石贫化率更高。

在掌握放矿问题 PFC 模拟一般流程的基础上，为提高放矿模拟结果的准确性与可靠性，可将圆形或球形颗粒替换为不规则刚性簇或柔性簇（详见第 6.3.1 节"基于不规则颗粒簇的放矿 PFC 模拟实例"），或者是将线性接触模型替换为滚动阻抗接触模型（详见第 6.3.2 节"基于滚动阻抗模型的放矿 PFC 模拟实例"），提高矿岩颗粒间的内锁力。

6.3 放矿问题 PFC 模拟实例

在对崩落法放矿领域 PFC 应用和放矿问题 PFC 模拟过程介绍的基础上，本节分别介绍两个放矿问题 PFC 模拟实例：基于不规则颗粒簇的放矿 PFC 模拟实例和基于滚动阻抗模型的放矿 PFC 模拟实例。

6.3.1 基于不规则颗粒簇的放矿 PFC 模拟实例

目前，在基于离散单元法的放矿数值研究中，大多数是采用球形颗粒模型或双颗粒模型（也称为花生模型，Peanut Model）。上述两种模型存在两个缺点：可靠性不强。不能很好地反映实际矿岩形状的不规则性，从而难以匹配矿岩散体间较高的内锁力。适用性不广。花生模型破裂后变为两个独立的球形颗粒，而球形颗粒本身为刚体，无法破裂。因此，本实例基于 PFC 5.0 提出一种不规则颗粒簇的生成方法；在此基础上，构建放矿数值模型，分析单口放矿条件下不同颗粒黏结强度对崩落矿岩二次破裂及其运移规律的影响。

6.3.1.1 不规则颗粒簇生成方法

根据椭圆及其内接多边形的几何关系，采用椭圆的内接多边形模拟实际不规则矿岩散体形状。如图 6-8 所示，O 表示外接圆的圆心，θ_k 表示多边形的第 k 个内角，(x_k, y_k) 表示内接多边形的第 k 个顶点坐标，α 表示椭圆长轴与 x 坐标轴的夹角，其变化范围为 $0 \sim 2\pi$，用于改变椭圆的布设方向。

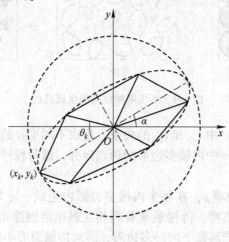

图 6-8 椭圆内接多边形示意图

由椭圆与其内接多边形的几何关系可知,内接多边形的第 k 个顶点坐标为:

$$\begin{pmatrix} x_k \\ y_k \end{pmatrix} = \begin{pmatrix} x_o \\ y_o \end{pmatrix} + \begin{pmatrix} a\cos\theta_k \\ b\cos\theta_k \end{pmatrix} \begin{pmatrix} \cos\alpha & -\sin\alpha \\ \sin\alpha & \cos\alpha \end{pmatrix} \quad (6-1)$$

式中,(x_o, y_o) 为外接圆的圆心坐标;a 和 b 分别为椭圆的半长轴和半短轴;其余参数含义与图 6-8 中相应参数的含义相同。

另外,众所周知,椭圆的面积 S_e 为:

$$S_e = \pi ab \quad (6-2)$$

半径为 r_{cir} 的外接圆的面积为:

$$S_{cir} = \pi r_{cir}^2 = \pi a^2 \quad (6-3)$$

椭圆的内接多边形的面积 S_p 为:

$$S_p = \frac{1}{2} ab \sum_{k=1}^{n} \sin\theta_k \quad (6-4)$$

因此,不规则颗粒模型实际面积 S_{clu} 为:

$$S_{clu} = S_p = \frac{1}{2} ab(1-\rho) \sum_{k=1}^{n} \sin\theta_k \quad (6-5)$$

不规则颗粒模型的等效半径 r_{clu} 为:

$$r_{clu} = \sqrt{\frac{S_{clu}}{\pi}} = \sqrt{\frac{ab(1-\rho)\sum_{k=1}^{n}\sin\theta_k}{2\pi}} = r_{cir}\sqrt{\frac{\sqrt{(1-e^2)}\cdot(1-\rho)\sum_{k=1}^{n}\sin\theta_k}{2\pi}} \quad (6-6)$$

式中,ρ 为不规则颗粒模型即内接多边形内的空隙率;e 为椭圆的离心率;其余参数含义与图 6-8 中相应参数的含义相同。

基于上述各参数的几何关系,利用 PFC 5.0 软件构建如图 6-9 所示的不规则颗粒簇。

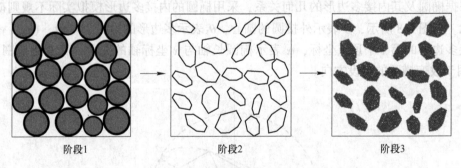

图 6-9 不规则颗粒簇的生成过程

阶段 1:根据式(6-6)中 r_{cir} 和 r_{clu} 的关系,生成不同半径的圆形颗粒。

阶段 2:根据式(6-1)中内接多边形的顶点坐标,编写程序生成表示内接多边形的墙体,并删除圆形颗粒。

阶段 3:根据既定空隙率 ρ,在每个内接多边形内生成一定数量的圆形小颗粒,颗粒间接触模型采用平行黏结模型,待接触颗粒间相互黏结后删除所有墙体。需要说明的是,为保证圆形小颗粒能够填充满每个内接多边形,同时接触圆形小颗粒不至过于紧密而产生较大重叠,反复调试后将每个内接多边形内的初始空隙率设定为 0.12。

6.3.1.2 数值模型构建

基于规则排列颗粒生成方法（例6-2）在PFC2D 5.0软件中构建如图6-10所示的放矿模型墙体。放矿模型尺寸为40 m×50 m（宽×高）、直径为0.7 m的固定黑色颗粒构成模型的侧墙和底墙，用于模拟实际采场中较为粗糙的边壁。为降低放矿初始阶段"堵口"的可能性，数值模型中的放矿口尺寸设置为4.9 m。

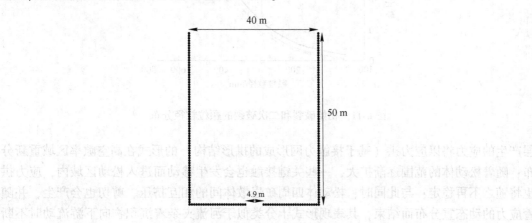

图 6-10　PFC2D 放矿模型墙体

本实例中颗粒粒径分布范围为150~1350 mm，不规则颗粒簇的长宽比为2.0~2.5，颗粒密度为2700 kg/m³，摩擦系数为0.5，初始空隙率为0.123。放矿模拟开始前，通过双轴压缩数值试验测量颗粒的宏观散体摩擦角，并与实际散体摩擦角对比，最终选取三个平行黏结强度值：3.0 MPa、5.0 MPa 和 $1.0×10^4$ MPa。需要说明的是，当平行黏结强度为3.0 MPa 和 5.0 MPa 时，不规则颗粒簇可以发生破裂；作为对比，当平行黏结强度取值足够大，如 $1.0×10^4$ MPa，不规则颗粒簇则不会发生破裂。

放矿数值模拟过程中监测、记录每个发生的黏结破裂事件，并利用离散裂隙网络DFN模块存储黏结破裂事件发生的位置、大小和方位等信息。为确定颗粒黏结强度和二次破裂后颗粒粒径分布的关系，每次放矿过程结束后均统计所有圆形颗粒的直径以及不规则颗粒簇的等效直径。保持放矿过程中的矿岩颗粒堆积高度不变，当颗粒放出高度达50 m时，停止放矿。

6.3.1.3 数值模拟结果分析

图6-11为初始破裂和二次破裂的颗粒粒径分布。三条曲线分别表示黏结强度为3.0 MPa、5.0 MPa 和 $1.0×10^4$ MPa 时的颗粒粒径分布情况。由图6-11分析可知，崩落矿岩强度越低，放出矿岩的平均粒径越小，所产生的细小颗粒越多。

以黏结强度为5.0 MPa时的放矿数值试验为例，图6-12为其不同放出高度时的矿岩破裂事件结果，图中每个微裂纹均表示一个破裂事件；随着放矿过程推进，破裂事件的数目逐渐增加，且主要发生在剪切区域，即松动区域与稳定区域之间的过渡区域。该结果以及如图6-13所示的模型内接触力演化结果，与相关学者提出的单口放矿控制机理相吻合，即崩落矿岩的运移演化主要受松动体顶部应力拱塌落（松动体的高度达到顶部之前）以及松动体四周散体矿岩间的相互挤压、剪切的影响。具体而言，在松动体顶部，由上覆矿岩

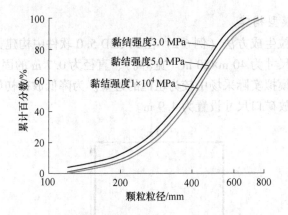

图 6-11 初始破裂和二次破裂的颗粒粒径分布

层产生的应力将以应力拱（基于接触力网形成的拱形结构）的形式在高空隙率区域重新分布；随着松动体的范围逐渐扩大，一些关键接触也会发生移动而进入松动区域内，应力拱也将随之不再稳定；与此同时，松动体四周矿岩散体间的相互挤压、剪切也会产生，并随着应力的动态重分布而结束，其表现形式十分类似于河流夹杂着沉积物向下游流动时不断拓宽两侧的堤岸；然后应力拱崩塌，松动体随之向上发展直至其上方再次形成新的应力拱。

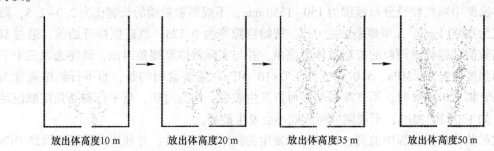

图 6-12 不同放出体高度时的矿岩破裂事件分布

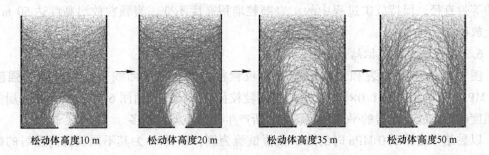

图 6-13 不同松动体高度时的接触力分布

6.3.2 基于滚动阻抗模型的放矿 PFC 模拟实例

基于不规则颗粒簇的放矿 PFC 模拟能够真实反映矿岩实际运移状态，但与此同时也大幅增加了放矿模型中的颗粒数目，降低了计算效率。不仅如此，对于其他离散单元法而言，"形状"均是一个显著影响计算效率的属性。因此，国内外学者提出向球形颗粒施加滚动阻抗的方式模拟实际散体不规则形状起到的阻抗效果，例如：由于接触点的非球面性或表面粗糙度等引起的对散体滚动的制约以及相关的能量耗散等。因此，本实例首先概述了 PFC 5.0 软件中滚动阻抗模型的原理；然后，基于滚动阻抗模型构建放矿模型开展单口条件下的放矿数值试验，验证基于滚动阻抗模型的放矿 PFC 模拟的适用性，并分析放出体形态变化规律。

6.3.2.1 滚动阻抗模型原理

PFC 5.0 中的滚动阻抗接触模型可视为一种在线性接触模型中添加了滚动阻抗（抵抗滚动运动的扭矩）的接触模型，其可被应用于球-球以及球-墙之间的接触。除内力矩是随着接触点上相对转动的增加而线性增加这一点外，滚动阻抗接触模型的其余原理均与线性接触模型的原理类似。

如图 6-14 所示，滚动阻抗接触模型中的接触包括法向接触、切向接触和滚动接触。三类接触均包含一个反映弹性接触的弹簧（spring）、一个允许能量耗散以及准静态变形的阻尼器（dashpot）。此外，法向接触还包含一个分隔器（divider），用于反映当颗粒发生分离且没有接触时，无力的传递；切向接触还包含一个阻滑器（slider），用于反映依据莫尔-库仑准则的剪切接触阻抗；滚动阻抗还包含一个阻滚器（roller），用于反映滚动接触阻抗。

6.3.2.2 数值模型构建

如图 6-15 所示，本实例中全尺度放矿数值模型的尺寸为 50 m × 50 m × 120 m（长×宽×高），模型底部中心位置的墙体代表放矿口，放矿模拟过程开始前将其删除。

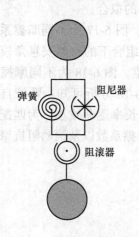

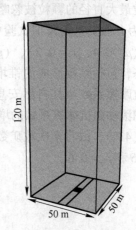

图 6-14　滚动阻抗模型示意图　　　　图 6-15　PFC3D 放矿模型墙体

本实例中 PFC3D 放矿模型细观参数组合见表 6-1。其中，颗粒的摩擦系数 μ 和滚动阻抗摩擦系数 μ_r 是依据颗粒的自然安息角数值模拟结果进行确定。散体介质在自重作用下具有形成锥堆的特性，该锥堆的自然静止坡面与水平面之间的夹角即为自然安息角。数值模拟中所得颗粒的自然安息角应与实际散体的自然安息角相同或近似相等。

表 6-1　PFC3D 放矿模型细观参数组合

细观参数	颗粒	墙体
半径/m	0.5~1.0	—
密度/kg·m^{-3}	3190	—
法向刚度/N·m^{-1}	4.0e8	5.0e8
切向刚度/N·m^{-1}	4.0e8	5.0e8
摩擦系数	0.6	0.5
滚动阻抗摩擦系数	0.6	—

本实例基于无底圆筒法探究若干摩擦系数（$\mu=0.4\sim0.8$）和滚动阻抗摩擦系数（$\mu_r=0.2\sim0.8$）组合下的颗粒自然安息角。测定时，将无底的圆柱形墙体放置于水平墙体之上，并在圆柱形墙体内生成若干颗粒；然后向圆柱形墙体施加一个垂直高度方向的较小速度使其缓慢上移，直至墙体内所有颗粒自然流出并形成稳定的锥堆。另外，本实例中利用 PFC 5.0 软件中内嵌的 SciPyPython 模块，基于 KD 树法（KD-Tree）快速识别锥堆自由表面上的颗粒，并于自由表面的颗粒上拟合形成一个圆锥，从而实现对颗粒自然安息角的测定。需要说明的是，为了确保测量的准确性，锥堆自由表面上与水平面或圆锥顶点的距离大于所有颗粒最大直径的颗粒被忽略，即不被用于圆锥的拟合。

图 6-16 为自然安息角模拟试验中模型的初始状态，图 6-17 为不同摩擦系数和滚动阻抗摩擦系数（$\mu=0.4$、$\mu_r=0.2$）、（$\mu=0.8$、$\mu_r=0.8$）组合下的自然安息角模拟试验中模型的最终状态，包括颗粒形成的锥堆和拟合形成的圆锥。图 6-18 为不同摩擦系数条件下颗粒滚动阻抗摩擦系数与其自然安息角的关系。由图 6-18 分析可知：颗粒自然安息角随着摩擦系数和滚动阻抗摩擦系数的增大而增大，且其增长率逐渐减小。为匹配实际散体的自然安息角（41°），故将本次放矿数值试验中颗粒的摩擦系数以及滚动阻抗摩擦系数分别设定为 $\mu=0.6$ 和 $\mu_r=0.6$。

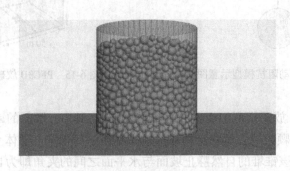

图 6-16　自然安息角模拟试验中模型的初始状态

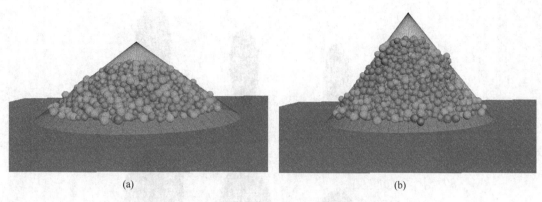

图 6-17 自然安息角模拟试验中模型的最终状态

(a) $\mu=0.4$, $\mu_r=0.2$; (b) $\mu=0.8$, $\mu_r=0.8$

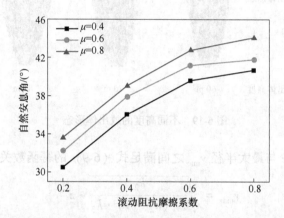

图 6-18 不同摩擦系数条件下颗粒滚动阻抗摩擦系数与其自然安息角的关系

保持放矿过程中的矿岩颗粒堆积高度不变，当颗粒放出高度达 80 m 时，停止放矿。例 6-4 中，在整个模拟过程中，记录每个放出颗粒的初始位置、ID 编号、半径等信息；当矿岩颗粒放出高度达 30 m、40 m、50 m、60 m、70 m、80 m 等指定值时，基于存储于函数 ball.extra 中的放出颗粒位置与几何信息，并使用命令 ball create 反演每一放出颗粒的初始空间状态，即可实现不同高度放出体的可视化，进而统计不同高度放出体最大宽度、放矿量等信息，分析放出体形态变化规律。

6.3.2.3 数值模拟结果分析

图 6-19 为不同高度的放出体形态。从定性角度而言，不同放出高度时的放出体形态分别与放矿物理试验中所得对应放出高度时的放出体形态近似，符合倒置水滴形，具有上下不对称性，而且随着放出高度的增加而越来越明显。

依据期望体理论可知，放矿量 m 与放出体高度 h 满足如下幂函数关系：

$$m = k_1 h^{k_2} \tag{6-7}$$

$$\rho_z = \frac{k_1 \cdot k_2 \cdot k_3}{\pi} \tag{6-8}$$

式中，k_1、k_2、k_3 分别为与矿石散体物理力学性质相关的常数；ρ_z 为散体材料的装填密度。

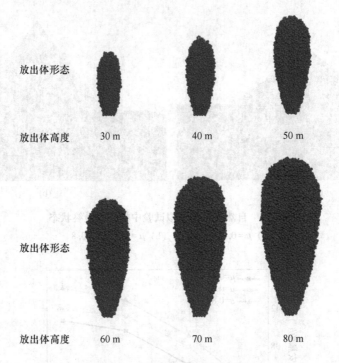

图 6-19 不同高度的放出体形态

放出期望体高度 z 与最大半径 y_{max} 之间满足式（6-9）的幂函数关系。

$$y_{max} = \sqrt{\frac{k_2}{e \cdot (k_2 - 1) \cdot k_3}} \cdot z^{\frac{k_2-1}{2}} \tag{6-9}$$

如图 6-20 所示，从定量角度而言，放矿数值试验中放出体高度与放矿量之间满足式（6-7）中的幂函数关系，其拟合优度 $R^2 = 0.999$，拟合所得常数 $k_1 = 711.393$，常数 $k_2 = 2.668$。放矿开始前测得模型内矿石颗粒的装填密度 $\rho_{kz} = 2360 \text{ kg/m}^3$，将 k_1、k_2 和 ρ_{kz} 代入式（6-8）可求得常数 $k_3 = 3.906$。此外，如图 6-21 所示，放矿物理试验和数值试验中放出

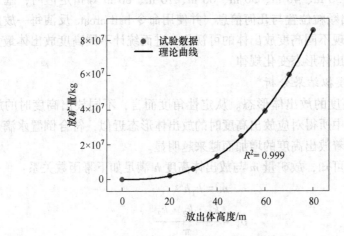

图 6-20 放矿数值试验中放出体高度理论曲线与试验数据对比

体高度与最大半径之间均满足式（6-9）中的幂函数关系，其拟合优度 R^2 均大于 0.993，数值试验拟合所得常数 $k_2 = 2.669$，常数 $k_3 = 3.854$。将 k_1、k_2 和 ρ_{kz} 代入式（6-8）可求得常数 $k_3 = 720.778$。图 6-20 和图 6-21 中数值试验所得常数 k_3 分别近似相等，表明基于滚动阻抗模型的放矿 PFC 模拟中放出体形态变化规律符合期望体理论。另外，从图 6-21 中分析可知：放矿数值试验与物理试验结果十分接近，即通过对比同条件下的物理试验结果，从定量角度证明了基于滚动阻抗模型的放矿 PFC 模拟的适用性，这可为基于滚动阻抗模型的各类放矿数值模拟研究奠定模型基础。

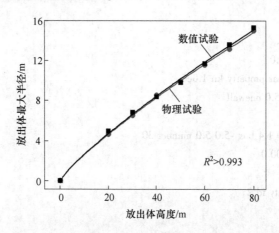

图 6-21　放矿物理试验与数值试验中放出体高度与最大半径对比的关系

习　题

6-1　简述放矿问题研究方法。
6-2　简述 PFC 在崩落法放矿领域的应用。
6-3　简述放矿问题 PFC 模拟的主要步骤。
6-4　简述在 PFC 中构建放矿模型墙体的有效方法。
6-5　如何在 PFC 中实现对矿石损失率、贫化率的实时统计？
6-6　简述利用命令和 FISH 函数实现放出体形态可视化的具体过程，并阐释影响放出体形态的主要因素。
6-7　简述连续出矿方式和断续出矿方式在放矿 PFC 模拟过程、模拟结果等方面的异同。
6-8　简述放出体与松动体的区别与联系。
6-9　编程复现第 6.3.1 节中基于不规则颗粒簇的放矿 PFC 模拟过程并反演放出体形态；对比分析不同矿岩颗粒黏结强度影响下的放出体最大宽度等参数，阐释崩落矿岩二次破裂对放矿过程与结果的影响。
6-10　编程复现第 6.3.2 节中基于滚动阻抗模型的放矿 PFC 模拟过程，并结合滚动阻抗模型原理，阐释其在放矿问题 PFC 模拟研究中的适用性与局限性。

附录 部分实例完整代码

1. 例 2-6 PFC 5.0 简单建模流程实例 "Balls in a Box"

```
new
title 'Balls in a box'
domain extent -10.0 10.0
cmat default model linear property kn 1.0e6
wall generate box -5.0 5.0 onewall
set random 10001
ball generate radius 1.0 1.4 box -5.0 5.0 number 30
ball attribute density 100.0
set gravity 10.0
ball history id 1 zvelocity id 2
save initial-state
solve time 10.0
save caseA-nodamping

;-------------------------------------------------------------------

restore initial-state
cmat default model linear property kn 1.0e6 ks 1.0e6 fric 0.25 dp_nratio 0.1
cmat apply
ball history id 2 zvelocity id 2
solve time 10.0
save caseB-damping
return
```

2. 例 2-17 规则几何墙体生成实例

```
new
domain extent -100 100
wall generate circle...
      position 0.0 0.0...
      radius 1.0...
      resolution 0.01

;-------------------------------------------------------------------

new
domain extent -100 100
wall generate...
      group 'box'...
box -5 5 -5 5 -5 5...
```

expand 1.2
;--
new
domain extent -100 100
wall generate…
    group 'sphere'…
    sphere position 5.0 0.0 -2.0…
    radius 3.0…
    resolution 0.1
;--
new
domain extent -100 100
wall generate…
    group 'cone'…
    cone…
        axis -1 0 1…
        base 12 0 0…
        cap false false…
        height 10.0…
        onewall…
        radius 5.0 3.0…
    resolution 0.1
;--
new
domain extent -100 100
wall generate…
    group 'plane'…
    plane…
        dip 15.0…
        ddir 0.0…
        position 0.0 0.0 15.0
;--
new
domain extent -100 100
wall generate…
    group 'cylinder'…
    cylinder…
        axis 0 0 1…
        base 0.0 0.0 0.0…
        cap true true…
        height 50.0…
        onewall…
        radius 12.5…

```
            resolution 0.1
;------------------------------------------------------------------------
new
domain extent -100 100
wall generate…
        group 'polygon'…
        polygon…
                -1 -1 0…
                1 -1 0…
                2 1 1…
                2 2 2…
                1 2 1…
                -2 1 2…
                -2 0 1…
        makeplanar
;------------------------------------------------------------------------
new
domain extent -100 100
wall generate…
        group 'disk'…
        disk…
                dip 0.0…
                ddir 0.0…
                position -7.5 0.0 7.5…
                radius 2.0…
                resolution 0.25
```

3. 例2-19 利用自定义函数构建规则排列颗粒（ball create 方法）实例

```
new
domain extent -200.0 200.0
define rhomboid
        ball_pos_x = -0.0
        ball_pos_y = -0.0
        ball_pos_x0 = ball_pos_x
        ball_radius = 5.0
        loop local i (1,8)
            loop local j (1,8)
                ball_pos_vec = vector(ball_pos_x, ball_pos_y)
                command
                ball create position [ball_pos_vec] radius [ball_radius]
                endcommand
                ball_pos_x = ball_pos_x + 2.0 * ball_radius
            endloop
```

```
            ball_pos_x=ball_pos_x0 + i * ball_radius
            ball_pos_y=ball_pos_y + 8.66
        endloop
end
@rhomboid
```

4. 例 2-20 采用命令 ball generate 生成规则排列颗粒实例

```
new
domain extent -10.0 10.0
set random 1001
ball generate...
        group 'hexagon'...
        radius 0.75 0.75...
        box -5.0 5.0 -5.0 5.0...
        hexagonal...
        id 1...
        number 100...
        tries 10000
```

5. 例 2-21 半径扩大法生成颗粒实例

```
new
domain extent -100 100 condition destroy
wall generate box -10 10 onewall
define comput_ball_number(area_t,poros,rmin,rmax)
    ball_number=int(4 * area_t * (1-poros)/math.pi/(rmin+rmax)/(rmin+rmax))
end
@comput_ball_number(400,0.20,0.15,0.40)
list @ball_number
[m=2]
ball generate radius [0.15/m][0.40/m] box -10 10 id 1 [ball_number] tries 10000
cmat default model linear property kn 1.0e7
ball attribute density 2000 damp 0.1
define expand_particles(numcc)
    loop nn (1,numcc)
        command
            ball attribute radius multiply [m^(1.0/numcc)]
            cycle 1000 calm 10
        endcommand
    endloop
end
@expand_particles(3)
```

6. 例2-22 挤压排斥法颗粒生成实例

```
new
domain extent -10.0 10.0
set random 1001
cmat default model linear method deformability emod 1e7 kratio 1.5 property fric 0.1
wall generate box -6 6 onewall
ball distribute porosity 0.18 radius 0.4 0.8 box -6.0 6.0
ball attribute density 2000.0 damp 0.7
cycle 1000 calm 100
solve aratio 1e-5
```

7. 例2-23 自重下降法生成颗粒实例

```
new
set random 1001
domain extent -20 20 -20 20 0 60
cmat default type ball-ball...
              model rrlinear...
              property fric 0.6 rr_fric 0.6...
                    kn 1e8 dp_nratio 0.3
cmat default type ball-facet...
              model linear...
              property fric 0.5 kn 1e9 dp_nratio 0.3
wall generate box -20 20 -20 20 0 60
ball distribute box -20 20 -20 20 0 50 porosity 0.50 radius 1.0 2.0
ball attribute density 3000.0 damp 0.15
cycle 1000 calm 10
set gravity 9.81
solve aratio 1e-3
```

8. 例2-24 按级配设计生成颗粒实例

```
new
define granulometry
    global exptab = table.create('experimental')
    table(exptab,0.025) = 0.072
    table(exptab,0.04) = 0.186
    table(exptab,0.05) = 0.263
    table(exptab,0.06) = 0.345
    table(exptab,0.075) = 0.496
    table(exptab,0.10) = 0.714
    table(exptab,0.12) = 0.898
    table(exptab,0.15) = 0.956
    table(exptab,0.18) = 0.987
    table(exptab,0.25) = 1.0
```

```
end
@granulometry
domain extent -1.0 1.0
fish create dmin=0.001
set random 1001
ball distribute box -0.8 0.8...
            porosity 0.38...
            numbin 10...
            bin 1...
              radius [0.5*dmin][0.5*table.x(exptab,1)]...
              volumefraction [table.y(exptab,1)]...
            bin 2...
              radius [0.5*table.x(exptab,1)][0.5*table.x(exptab,2)]...
              volumefraction [table.y(exptab,2)-table.y(exptab,1)]...
            bin 3...
              radius [0.5*table.x(exptab,2)][0.5*table.x(exptab,3)]...
              volumefraction [table.y(exptab,3)-table.y(exptab,2)]...
            bin 4...
              radius [0.5*table.x(exptab,3)][0.5*table.x(exptab,4)]...
              volumefraction [table.y(exptab,4)-table.y(exptab,3)]...
            bin 5...
              radius [0.5*table.x(exptab,4)][0.5*table.x(exptab,5)]...
              volumefraction [table.y(exptab,5)-table.y(exptab,4)]...
            bin 6...
              radius [0.5*table.x(exptab,5)][0.5*table.x(exptab,6)]...
              volumefraction [table.y(exptab,6)-table.y(exptab,5)]...
            bin 7...
              radius [0.5*table.x(exptab,6)][0.5*table.x(exptab,7)]...
              volumefraction [table.y(exptab,7)-table.y(exptab,6)]...
            bin 8...
              radius [0.5*table.x(exptab,7)][0.5*table.x(exptab,8)]...
              volumefraction [table.y(exptab,8)-table.y(exptab,7)]...
            bin 9...
              radius [0.5*table.x(exptab,8)][0.5*table.x(exptab,9)]...
              volumefraction [table.y(exptab,9)-table.y(exptab,8)]...
            bin 10...
              radius [0.5*table.x(exptab,9)][0.5*table.x(exptab,10)]...
              volumefraction [table.y(exptab,10)-table.y(exptab,9)]
measure create id 1 radius 0.7 bins 100 @dmin [table.x(exptab,10)]
measure dump id 1 table 'numerical'
```

9. 例2-25 采用块体颗粒组装模型方法生成颗粒实例

new

```
domain extent -2.0 2.0 condition periodic
cmat default model linear property kn 1e6
set random 101
ball distribute porosity 0.1 radius 1.0 1.5 resolution 0.025
ball attribute density 3000.0 damp 0.7
cycle 1000 calm 10
set timestep scale
solve
calm
brick make id 1
brick export id 1 nothrow
new
domain extent -4.0 4.0 -8.0 8.0
brick import id 1
brick assemble id 1 origin -4.0 -8.0 size 2 4
```

10. 例2-26 采用命令 clump create 生成单一刚性簇实例

```
new
domain extent -8.0 8.0
set random 101
clump create id 2…
            density 3500.0…
            pebbles 3 2.0 -2.0 0 0…
                     3.0 0 0 0…
                     2.0 2.0 0 2…
            calculate 0.01…
            group single_clump slot 1
```

11. 例2-27 采用命令 clump template 和 clump generate 生成若干刚性簇实例

```
new
domain extent -10.0 10.0
set random 1001
cmat default model linear property kn 1.0e6 ks 8.0e5 dp_nratio 0.25 fric 0.5
[rad = 0.5]
[vc = (4.0/3.0) * math.pi * (rad)^3]
[moic = (2.0/5.0) * vc * rad^2]
clump template create name single…
            pebbles 1…
            @rad 0 0 0…
            volume @vc…
            inertia @moic @moic @moic 0 0 0
clump template create name dyad…
            pebbles 2…
```

```
                @rad [-rad * 0.5]0 0...
                @rad [rad * 0.5]0 0...
pebcalculate 0.005
geometry import dolos.stl
clump template create name dolos...
        geometry dolos...
            bubblepack distance 120...
                    ratio 0.3...
                    surfcalculate
wall generate box -5.0 5.0 onewall
clump generate diameter size 1.5 number 50...
            box -5.0 5.0 -5.0 5.0 -5.0 0.0...
            group bottom
clump generate diameter size 1.5 number 25...
            box -5.0 5.0 -5.0 5.0 0.0 5.0...
            templates 2...
            dyad 0.3 dolos 0.7...
            azimuth 45.0 45.0...
            tilt 90.0 90.0...
            elevation 45.0 45.0...
            group top1
clump generate diameter size 1.5 number 25...
            box -5.0 5.0 -5.0 5.0 0.0 5.0...
            templates 2...
            dyad 0.7 dolos 0.3...
            azimuth -45.0 -45.0...
            tilt 90.0 90.0...
            elevation 45.0 45.0...
            group top2
clump attribute density 200.0
set gravity 10.0
solve aratio 1e-4
save multi_clumps
return
```

12. 例3-7 根据循环点调用函数实例

```
new
set random 1001
domain extent -5 5
cmat default model linear property kn 1.0e6 dp_nratio 0.5
wall generate box -3 3
set gravity 0.0 0.0 -10.0
define add_ball
```

```
        local tcurrent = mech.age
            if tcurrent < tnext then
            exit
            endif
        tnext = tcurrent + freq
        local xvel = (math.random.uniform - 0.5) * 2.0
        local yvel = (math.random.uniform - 0.5) * 2.0
        local bp = ball.create(0.5,vector(0.0,0.0,2.75))
        ball.vel(bp) = vector(xvel,yvel,-2.0)
        ball.density(bp) = 2500.0
        ball.damp(bp) = 0.1
    end
[freq = 0.25]
[time_start = mech.age]
[tnext = time_start]
set fish callback -11.0 @add_ball
solve time 10.0
save intermediate
solve time 10.0
set fish callback -11.0 remove @add_ball
solve
save callbacks1
return
```

13. 例 3-8 根据不同事件调用函数实例

```
restore callbacks1
[todelete = map()]
define delete_balls
    loop foreach key map.keys(todelete)
        local ball = map.remove(todelete,key)
        ball.delete(ball)
    endloop
end
set fish callback -12.0 @delete_balls
set gravity 10.0 0.0 0.0
save sink_initial
define catch_contacts(cp)
    if type.pointer(cp)#'ball-facet' then
        exit
    endif
    wfp = contact.end2(cp)
    if wall.id(wall.facet.wall(wfp))#2 then
        exit
```

```
        endif
        map.add(todelete,ball.id(contact.end1(cp)),contact.end1(cp))
end
set fish callback contact_create @catch_contacts
solve time 6.0
save sink_final1
restore sink_initial
define catch_contacts(arr)
    local cp=arr(1)
    if type.pointer(cp)#'ball-facet' then
        exit
    endif
    local wfp=contact.end2(cp)
    if wall.id(wall.facet.wall(wfp))#2 then
        exit
    endif
    map.add(todelete,ball.id(contact.end1(cp)),contact.end1(cp))
end
set fish callback contact_activated @catch_contacts
solve time 6.0
save sink_final2
return
```

14. 例 3-15　采用 FISH 函数生成规则排列颗粒实例

```
new
domain extent -5 5
define create_Olympic_rings
    ball_num=100
    circle_rad_out=0.5
    ball_rad=2 * math.pi * circle_rad_out /(2 * ball_num + 2 * math.pi)
    circle_rad=circle_rad_out−ball_rad
    ball_thera=2 * math.pi / float(ball_num)
    loop nn (1,ball_num)
        ball_pos_x0=circle_rad * math.cos(ball_thera * nn)
        ball_pos_y0=circle_rad * math.sin(ball_thera * nn)
        bp=ball.create(ball_rad,vector(ball_pos_x0,ball_pos_y0))
        ball.group(bp)='black_ring'
    endloop
    loop mm (1,ball_num)
        ball_pos_x1=1.05 + circle_rad * math.cos(ball_thera * mm)
        ball_pos_y1=circle_rad * math.sin(ball_thera * mm)
        bp=ball.create(ball_rad,vector(ball_pos_x1,ball_pos_y1))
        ball.group(bp)='red_ring'
```

```
            endloop
            loop pp (1,ball_num)
                ball_pos_x2=-1.05 + circle_rad * math.cos(ball_thera * pp)
                ball_pos_y2=circle_rad * math.sin(ball_thera * pp)
                bp=ball.create(ball_rad,vector(ball_pos_x2,ball_pos_y2))
                ball.group(bp)= 'blue_ring'
            endloop
            loop qq (1,ball_num)
                ball_pos_x3=-0.525 + circle_rad * math.cos(ball_thera * qq)
                ball_pos_y3=-0.5 + circle_rad * math.sin(ball_thera * qq)
                bp=ball.create(ball_rad,vector(ball_pos_x3,ball_pos_y3))
                ball.group(bp)= 'yellow_ring'
            endloop
            loop ss (1,ball_num)
                ball_pos_x4=0.525 + circle_rad * math.cos(ball_thera * ss)
                ball_pos_y4=-0.5 + circle_rad * math.sin(ball_thera * ss)
                bp=ball.create(ball_rad,vector(ball_pos_x4,ball_pos_y4))
                ball.group(bp)= 'green_ring'
            endloop
        end
        @create_Olympic_ringse
        save Olympic_rings
        return
```

15. 例 3-16 漏斗流 Hopper Flow 实例

```
new
define build_hopper(fric,brad,theta)
    local cfric=fric
    ballRadius=brad
    W0=ballRadius * 10
    W=W0 * 4.0
    H=W * 1.50
    d=ballRadius * 5.0
    B=(W-W0) * 0.5
    theta=30 * math.pi/180
    A=B * math.tan(theta)
    command
        domain condition periodic
        domain extent ([-W/4],[W/4])([-d],@d)(0,[W/4])
        cmat default model linear property kn 1e4 ks 5e3 fric @cfric dp_nratio 0.2
        cmat default type ball-facet model linear property kn 1.5e4 ks 7.5e3 fric @cfric dp_nratio 0.2
        ball distribute bin 1 radius @ballRadius
        ball attribute density 2500 damp 0.7
```

```
cycle 1000 calm 10
set timestep scale
solve
brick make id 1
ball delete
domain condition destroy periodic destroy
domain extent ([-W/2],[W/2])([-d],@d)([-d],[H*2.0])
wall generate group leftlateral_1 polygon ([-W/2],[-d],@A)([-W/2],0.0,@A)([-W/2],[-d],@H)([-W/2],0.0,@H)
wall generate group leftlateral_2 polygon ([-W/2],0.0,@A)([-W/2],@d,@A)([-W/2],0.0,@H)([-W/2],@d,@H)
wall generate group rightlateral_1 polygon ([W/2],[-d],@A)([W/2],0.0,@A)([W/2],[-d],@H)([W/2],0.0,@H)
wall generate group rightlateral_2 polygon ([W/2],0.0,@A)([W/2],@d,@A)([W/2],0.0,@H)([W/2],@d,@H)
wall generate group leftbottom_1 polygon ([-W0/2],[-d],0.0)([-W0/2],0.0,0.0)([-W/2],[-d],@A)([-W/2],0.0,@A)
wall generate group leftbottom_2 polygon ([-W0/2],0.0,0.0)([-W0/2],@d,0.0)([-W/2],0.0,@A)([-W/2],@d,@A)
wall generate group rightbottom_1 polygon ([W0/2],[-d],0.0)([W0/2],0.0,0.0)([W/2],[-d],@A)([W/2],0.0,@A)
wall generate group rightbottom_2 polygon ([W0/2],0.0,0.0)([W0/2],@d,0.0)([W/2],0.0,@A)([W/2],@d,@A)
wall generate id 1001 group cap polygon ([-W0/2],[-d],0.0)([W0/2],[-d],0.0)([-W0/2],0.0,0.0)([W0/2],0.0,0.0)
wall generate id 1002 group cap polygon ([-W0/2],0.0,0.0)([W0/2],0.0,0.0)([-W0/2],@d,0.0)([W0/2],@d,0.0)
brick assemble id 1 origin ([-W/2],[-d],0.0) size 2 1 6
ball delete range plane origin ([-W0/2],0.0,0.0) dip 30.0 dd 90.0 below
ball delete range plane origin ([ W0/2],0.0,0.0) dip -30.0 dd 90.0 below
ball attribute density 2500 damp 0.7
clean
@trim
set gravity 0 0 -9.81
hist id 1 mech solve arat
cycle 1000 calm 100
solve arat 1e-3
ball group LevelOne range z 0.0 [H/6]
ball group LevelTwo range z [H/6][2*H/6]
ball group LevelThree range z [2*H/6][3*H/6]
ball group LevelFour range z [3*H/6][4*H/6]
ball group LevelFive range z [4*H/6][5*H/6]
ball group LevelSix range z [5*H/6][2*H]
```

```
        endcommand
    end
    define trim
        loop foreach local c contact.list('ball-facet')
            local bp = contact.end1(c)
            ball.delete(contact.end1(c))
        endloop
    end
    define Action(fill_level,key)
        z_min = fill_level * H / 100.0
        z_max = 2 * H
        command
            ball delete range z @z_min @z_max
        endcommand
        discharged_mass = 0
        filename = 'fill_'+string(int(fill_level))+ '_'+key
        command
            cycle 5000 calm 50
            solve aratio 1e-3
            ball attribute damp 0.0
            wall delete range set id 1001 1002
            set mechanical age 0.0
            set timestep auto
            ball result time 0.1 addattribute group addattribute velocity activate
            set fish callback ball_delete @MeasureDischargedMass
            set echo off
            solve fishhalt @HaltControl
            set echo on
            set fish callback ball_delete remove @MeasureDischargedMass
            save @filename
        endcommand
    end
    define MeasureDischargedMass(bp)
        discharged_mass = discharged_mass + ball.mass.real(bp)
        command
            table @filename insert [mech.age] @discharged_mass
        endcommand
    end
    define HaltControl
        local temp = 0
        if ball.num < 5
            command
                table @filename write @filename
```

```
        endcommand
        temp = 1
    endif
    HaltControl = temp
end
define makeMovie(fname)
    command
        ball result map @rmap
    endcommand
    loop for(local i = 1, i <= map.size(rmap), i = i+1)
        local str = string.build("%1%2.png", fname, i)
        command
            ball result load @i nothrow
            plot bitmap filename @str
        endcommand
    endloop
end
@build_hopper(0.05, 0.01, 30.0)
save hopper_ini
@Action(50, 'LowFriction')
restore hopper_ini
@Action(100, 'LowFriction')
save LowFrictionHopper
restore hopper_ini
ball property fric 0.8
wall property fric 0.8
@Action(50, 'HighFriction')
restore hopper_ini
ball property fric 0.8
wall property fric 0.8
@Action(100, 'HighFriction')
save HighFrictionHopper
return
```

16. 例3-17 无黏结颗粒体系应力与应变检测实例

```
new
domain extent -0.1 0.1
set random 10001
cmat default model linear method deformability emod 1.0e8 kratio 1.5
wall generate name 'vessel' box -0.035 0.035 expand 1.5
[wp_left = wall.find('vesselLeft')]
[wp_right = wall.find('vesselRight')]
[wp_bot = wall.find('vesselBottom')]
```

```
[wp_top = wall.find('vesselTop')]
define wlx
    wlx = wall.pos.x(wp_right) - wall.pos.x(wp_left)
end
define wly
    wly = wall.pos.y(wp_top) - wall.pos.y(wp_bot)
end
ball distribute porosity 0.2 radius 0.0006 0.001 box -0.035 0.035
ball attribute density 2500.0 damp 0.7
ball property friction 0.2
wall property friction 0.0
cycle 1000 calm 10
solve aratio 1e-5
calm
define wsxx
    wsxx = 0.5 * (wall.force.contact.x(wp_left) - wall.force.contact.x(wp_right))/wly
end
define wsyy
    wsyy = 0.5 * (wall.force.contact.y(wp_bot) - wall.force.contact.y(wp_top))/wlx
end
define compute_averagestress
    global asxx = 0.0
    global asxy = 0.0
    global asyx = 0.0
    global asyy = 0.0
    loop foreach local contact contact.list("ball-ball")
        local cforce = contact.force.global(contact)
        local cl = ball.pos(contact.end2(contact)) - ball.pos(contact.end1(contact))
        asxx = asxx + comp.x(cforce) * comp.x(cl)
        asxy = asxy + comp.x(cforce) * comp.y(cl)
        asyx = asyx + comp.y(cforce) * comp.x(cl)
        asyy = asyy + comp.y(cforce) * comp.y(cl)
    endloop
    asxx = -asxx / (wlx * wly)
    asxy = -asxy / (wlx * wly)
    asyx = -asyx / (wlx * wly)
    asyy = -asyy / (wlx * wly)
end
define compute_spherestress(rad)
    command
        contact group insphere remove
        contact groupbehavior contact
        contact group insphere range circle radius @rad
```

```
endcommand
global ssxx = 0.0
global ssxy = 0.0
global ssyx = 0.0
global ssyy = 0.0
loop foreach contact contact.groupmap("insphere","ball-ball")
    local cf = contact.force.global(contact)
    local cl = ball.pos(contact.end2(contact)) - ball.pos(contact.end1(contact))
    ssxx = ssxx + comp.x(cf) * comp.x(cl)
    ssxy = ssxy + comp.x(cf) * comp.y(cl)
    ssyx = ssyx + comp.y(cf) * comp.x(cl)
    ssyy = ssyy + comp.y(cf) * comp.y(cl)
endloop
local vol = (math.pi * rad ^ 2)
ssxx = -ssxx / vol
ssxy = -ssxy / vol
ssyx = -ssyx / vol
ssyy = -ssyy / vol
end
define ini_mstrain(sid)
    command
        ball attribute displacement multiply 0.0
    endcommand
    global mstrains = matrix(2,2)
    global mp = measure.find(sid)
end
    define accumulate_mstrain
    global msrate = measure.strainrate.full(mp)
    global mstrains = mstrains + msrate * global.timestep
    global xxmstrain = mstrains(1,1)
    global xymstrain = mstrains(1,2)
    global yxmstrain = mstrains(2,1)
    global yymstrain = mstrains(2,2)
end
[wly = wall.pos.y(wp_top) - wall.pos.y(wp_bot)]
[wlx = wall.pos.x(wp_right) - wall.pos.x(wp_left)]
define wexx
    wexx = (wlx - lx0) / lx0
end
define weyy
    weyy = (wly - ly0) / ly0
end
[ly0 = wly]
```

```
[ lx0 = wlx ]
[ v0 = wlx * wly ]
[ txx = -5.0e5 ]
[ tyy = -5.0e5 ]
wall servo activate on xforce [ txx * wly ] vmax 0.1 range set name 'vesselRight'
wall servo activate on xforce [-txx * wly ] vmax 0.1 range set name 'vesselLeft'
wall servo activate on yforce [ tyy * wlx ] vmax 0.1 range set name 'vesselTop'
wall servo activate on yforce [-tyy * wlx ] vmax 0.1 range set name 'vesselBottom'
define servo_walls
    wall.servo.force.x( wp_right) = txx * wly
    wall.servo.force.x( wp_left) = -txx * wly
    wall.servo.force.y( wp_top) = tyy * wlx
    wall.servo.force.y( wp_bot) = -tyy * wlx
end
set fish callback 9.0 @servo_walls
history id 51 @wsxx
history id 52 @wsyy
history id 53 @wexx
history id 54 @weyy
calm
save make_specimen
[ tol = 5e-3 ]
define stop_me
    if math.abs( ( wsyy - tyy)/tyy ) > tol
        exit
    endif
    if math.abs( ( wsxx - txx)/txx ) > tol
        exit
    endif
    if mech.solve( "aratio" ) > 1e-6
        exit
    endif
    stop_me = 1
end
ball attribute displacement multiply 0.0
solve fishhalt @stop_me
measure create id 1 rad [ 0.4 * ( math.min( lx0,ly0) ) ]
@compute_spherestress( [ 0.4 * ( math.min( lx0,ly0) ) ] )
@compute_averagestress
save compact_specimen
return
```

17. 例 5-1~例 5-4，边坡工程问题 PFC 模拟过程

```
new
set random 101
domain extent (-100,100) (0,100)
domain condition destroy
cmat default model linear method deform emod 1e9 kratio 1.5
cmat default property dp_nratio 0.2
wall create id 1 vertices (-30,0) (30,0)
wall create id 2 vertices (-30,0) (-30,50)
wall create id 3 vertices (-30,50) (30,50)
wall create id 4 vertices (30,50) (30,0)
ball distribute porosity 0.12 box (-30,30) (0,50) radius 0.25 0.6
ball attribute density 2500 damp 0.7
cycle 1000 calm 50
cycle 1000
set timestep scale
solve aratio 1e-4
set timestep auto
geometry set delete_zone polygon position 30.0 10.0 10.0 10.0 -8.7 50.0 30.0 50.0
ball delete range geometry delete_zone count 1 direction 0 1
wall delete range set id 3
save slope_0
contact model linearpbond range contact type ball-ball
contact method deformability emod 1e9 kratio 1.5...
pb_deformability emod 1e9 kratio 1.5 bond gap 1e-2 range contact model linearpbond
contact property fric 0.5 dp_nratio 0.2 pb_ten 3.5e5 pb_coh 1.0e6 pb_fa 0.0...
range contact model linearpbond
contact property lin_force 0.0 0.0 lin_mode 1
ball attribute contactforce multiply 0.0 contactmoment multiply 0.0
cycle 1000
solve aratio 1e-4
save slope_1
set gravity 0 -10.0
ball attribute damp 0.1 displacement multiply 0.0
call fracture.p2fis
@track_init
cycle 20000
solve aratio 1e-4
save slope_2
```

18. 例 6-1~例 6-7，放矿问题 PFC 模拟过程

```
new
```

```
set random 1001
domain extent -100 100
wall create id 1 vertices (0,0)(0,90)
wall create id 2 vertices (0,0)(22.5,0)
wall create id 3 vertices (22.5,0)(27.5,0)
wall create id 4 vertices (27.5,0)(50,0)
wall create id 5 vertices (50,0)(50,90)
wall create id 6 vertices (50,90)(0,90)
cmat default type ball-ball model linear property kn 1e8 ks 1e8 fric 0.20 dp_nratio 0.2
cmat default type ball-facet model linear property kn 1e9 ks 1e9 fric 0.50 dp_nratio 0.2
ball distribute porosity 0.20 box (0,50)(0,90) radius 0.4 0.6
ball attribute density 3500
cycle 1000 calm 100
set gravity 9.81
solve aratio 1e-4
ball delete range y 80 90
cycle 2000
solve aratio 1e-4
ball group 'ore' range y 0 40
ball group 'rock' range y 40 90
ball attribute density 2000 range group 'rock'
ball property friction 0.5
cycle 2000
solve aratio 1e-4
save packing
Define Record_ball_inf
    loop foreach local bp ball.list
      ball.extra(bp,1) = ball.pos.x(bp)
      ball.extra(bp,2) = ball.pos.y(bp)
      ball.extra(bp,3) = ball.radius(bp)
    endloop
end
@Record_ball_inf
wall create id 7 vertices (-10,0)(-10,-40)
wall create id 8 vertices (-10,-40)(60,-40)
wall create id 9 vertices (60,-40)(60,0)
wall delete range id 3
[temp=0]
Define HaltControl
  loop foreach local bp ball.list
    if ball.pos.y(bp) < 0.0
      if ball.extra(bp,2) >= 50.0
        command
```

```
                    wall create id 3 vertices (22.5,0)(27.5,0)
                endcommand
                    temp = 1
            endif
            HaltControl = temp
        endif
    endloop
end
solve fishhalt @HaltControl
[ore_mass_drawn = 0.0]
[rock_mass_drawn = 0.0]
[Dilution_rate = 0.0]
Define Count_dilution_rate
    loop foreach local bp ball.list
        if ball.pos.y(bp) < 0.0
            if ball.group(bp) = 'ore'
                ore_mass_drawn = ore_mass_drawn + ball.mass.real(bp)
            endif
            if ball.group(bp) = 'rock'
                rock_mass_drawn = rock_mass_drawn + ball.mass.real(bp)
            endif
        endif
    endloop
Dilution_rate = rock_mass_drawn/(ore_mass_drawn + rock_mass_drawn)
end
@Count_dilution_rate
list @Dilution_rate
save drawing1
return

;------------------------------------------------------------------------------
restore packing
Define Record_ball_inf
    loop foreach local bp ball.list
    ball.extra(bp,1) = ball.pos.x(bp)
    ball.extra(bp,2) = ball.pos.y(bp)
    ball.extra(bp,3) = ball.radius(bp)
    endloop
end
@Record_ball_inf
wall create id 7 vertices (22.5,0)(22.5,-5)
wall create id 8 vertices (22.5,-5)(27.5,-5)
wall create id 9 vertices (27.5,-5)(27.5,0)
wall delete range id 3
```

```
[temp=0]
[ore_mass_drawn=0.0]
[rock_mass_drawn=0.0]
[Dilution_rate=0.0]
Define Count_mass_drawn
    loop foreach local bp ball.list
        if ball.pos.y(bp) < 0.0
            if ball.group(bp) = 'ore'
                ore_mass_drawn=ore_mass_drawn + ball.mass.real(bp)
            endif
            if ball.group(bp) = 'rock'
                rock_mass_drawn=rock_mass_drawn + ball.mass.real(bp)
            endif
        endif
    endloop
end
Define HaltControl
    if mech.solve("aratio") < 1e-4
      command
      @Count_mass_drawn
      endcommand
      loop foreach local bp ball.list
        if ball.pos.y(bp) < 0.0
          if ball.extra(bp,2) >= 50.0
            command
                wall create id 3 vertices (22.5,0)(27.5,0)
            endcommand
            temp=1
          endif
          HaltControl=temp
        endif
      endloop
      command
      ball delete range y -5 0
      endcommand
    endif
end
solve fishhalt @HaltControl
[Dilution_rate=rock_mass_drawn/(ore_mass_drawn + rock_mass_drawn)]
list @Dilution_rate
save drawing2
return
```